我

思

我思，我读，我在

Cogito, Lego, Sum

UN ENFANT CHEZ LE PSYCHANALYSTE

Patrick Avrane

倾听时刻

精神分析室里的孩子

（法）帕特里克·阿夫纳拉 著

严和来 黄可以 译 姜余 校

GUANGXI NORMAL UNIVERSITY PRESS
广西师范大学出版社
·桂林·

倾听时刻：精神分析室里的孩子

QINGTING SHIKE：JINGSHEN FENXISHI LI DE HAIZI

策　　划：叶　子@我思工作室
责任编辑：叶　子
装帧设计：何　萌
内文制作：王璐怡

图书在版编目（CIP）数据

倾听时刻：精神分析室里的孩子 /（法）帕特里克·阿夫纳拉著；严和来，黄可以译. —桂林：广西师范大学出版社，2020.11（2020.12 重印）
（我思万象）
ISBN 978-7-5598-3187-3

Ⅰ. ①倾… Ⅱ. ①帕… ②严… ③黄… Ⅲ. ①儿童—精神分析 Ⅳ. ①B844.1

中国版本图书馆 CIP 数据核字（2020）第 167626 号

广西师范大学出版社出版发行
（广西桂林市五里店路 9 号　邮政编码：541004
网址：http://www.bbtpress.com）
出版人：黄轩庄
全国新华书店经销
山东临沂新华印刷物流集团有限责任公司印刷
（临沂高新技术产业开发区新华路　邮政编码：276017）
开本：635 mm × 960 mm　1/16
印张：12. 5　　字数：135 千
2020 年 11 月第 1 版　　2020 年 12 月第 2 次印刷
定价：46.00 元

中文版序

面向孩子的精神分析实践很快会遇到精神分析的正当性问题。并不是孩子决定去分析家那里的，而是作为其监护人的成年人把他带去咨询，因为这些成年人相信精神分析对孩子有用。而孩子自己，他并没有带着这种相信而来，即使他期待着和即将见面的夫人或先生的相遇，会给他带来某些东西。因而初次会谈极为重要。这不仅仅是要在通常的医学意义上给出诊断或者做出治疗决策，而是要确定孩子是否已经准备好与一个精神分析家相遇，即与一个为了倾听孩子（通过话语、游戏、图画等）的人相遇，并且这个人能听见症状以外无法表达的东西：一种无意识的辞说。

人们可以假设，无意识的动力在任何时间都是普遍和在场的。一个生活在中国汉朝或唐朝的人，与生活在法国查理曼或圣路易时代的人无异，都可能出现某些语误或过失行为，反映他们被压抑的无意识欲望。然而，精神分析是 20 世纪初弗洛伊德在欧洲发明的，因为那时西方文明的历史条件使得这种实践成为可能。要知道，精神分析首先不是一种理论，而是一种实践。

在所有使这一实践成为可能的条件中，隐私性是至关重要的。在法国，从 17 世纪开始，私人生活出现了，即人有独处的需要，不是出于宗教的愿望，也不是因疾病或者其他离奇的原因。比如，默读而不是高声朗读流行起来；又比如，居住空间分成了很多房间，私人休憩的房间从公共大厅中划分出来。这些都能让我们看到私人生活的出现。后来，屋子中的房间不再彼此相通，而是造出了走廊，这使得房间成了封闭的地点。在19世纪，这样的情形全面开花。精神分析就是在这个时候出现的。只有每个人都认为私人生活是必要的并且完全接受和承认它，精神分析家的工作室才会存在。

儿童的精神分析实践意味着一种飞跃，即儿童作为完全的主体被认识到。这种儿童主体的出现并不是一开始就有的。即便是古希腊，这个被认为是欧洲文化起源的地方，儿童也是缺席的。并非没有关于儿童的叙述，而是在关于儿童的叙述中，儿童并没有被完全当作主体，他们只是一些未来的、毛坯式的存在。人们照顾教育孩子，是按照成人世界的维度来进行的，孩子要登录在成人世界，因为他们出生其中。在这个世界里，对于男孩而言，他被召唤着跟随父亲的步伐；对于女孩而言，她被召唤着成为母亲或者侍奉女神。在中世纪的欧洲，直到16世纪，一个孩子在他所归属的团体之外并不存在，他没有我们今天所考虑的个体性。居高不下的儿童死亡率加强了这种认为儿童是脆弱的观念，他还不是一个完整的主体。精神分析意义上的可以被单独接待的儿童，在法国发生在17世纪末。

今天，从儿童不再被当作依赖周围人的婴儿那一刻开始，一个孩子就是一个有着自己隐私的主体，其存在也不仅仅连结在其归属的团体上。这甚至成为精神分析家的功能之一，即帮助孩子实现他的个体性，如果他在获得个体性上碰到困难的话。当一个孩子去见分析家，他是去这样的一个人那里：这个人跟他说着同一种语言，并且充分了解他所属的文化；为了听见症状背后的无意识辞说，理解他在绘画和游戏中表达的东西。

“一个地产商要求建筑师根据他的品位和需要修建一座别墅，或者某个无私的捐赠人请求艺术家画一幅虔诚的绘画，但在角落里加上他自己散发金色光辉的肖像，这种情形根本上是与精神分析的条件不一致的。”[1]1920年，在关于一个年轻女同性恋的个案中，弗洛伊德如此写道。当时她父母要求他接受这样的任务：“把他们的女儿带回到正常中来。”[2]一个世纪后的维也纳，标准改变了，医生或者精神分析家不再接待带有这类目的的个案。然而，当一个孩子被带到咨询中心，仍可以看到一个类似的情景。青少年在身上穿孔，小男孩在学校心不在焉，这些都不一定是症状。所以，对分析家来说，他要去理解：分析的请求仅仅是因为父母或者周围人希望孩子变得像正常人而提出来的，还是这样的行为真的是孩子或青少年表达出来的个人困难的信号。

这也是我想要在本书中传递的东西。从临床经验开始写作，尝试着指出精神分析家位置的特殊性，这一位置在哪些方面与一般的医生、精神科大夫以及不同流派的心理治疗者是相接近的，在哪些方面又是不同的。虽然精神分析家也做临床方案，但是他并不会提前知道一个精神分析式的心理治疗是否真的对他所接待的孩子起作用。这与其他形式的心理治疗有着本质区别，这一区别无疑正是精神分析给“惊奇”留出了位置。面向孩子的精神分析更少地提及方法，更多地提及可能性，这一可能性，是指在治疗的确定框架中，让意料之外的“事情”突然发生的可能性。

意料之外的事情是无意识的一部分，精神分析家要让它们浮现于分析过程中，他的知识与训练能够让他做到这一点。

帕特里克 · 阿夫纳拉

2020年7月于巴黎

1 弗洛伊德:《一个女性同性恋的心理起源》(Sur la psychogenèse dùn cas dhomosexualité féminine)，见《神经症、精神病与倒错》(*Névrose, psychose et perversion*)，巴黎，法国大学出版社(Presses Universitaires de France)，1974年，第248页。

2 同前，第247页。

第三版前言

大千世界变幻，精神分析鲜活。本书首版以来，精神分析家们、心理治疗师们和心理学家们，以不同方式服务于我们的社会。新颖研究、未版著作，陆续公之于众。必须对此有所领悟。基于一些理论与临床观点的发展，本版对一些个案细节的理解有所增加。精神分析的知识与经验，永不封闭。

序　言

精神分析家的工作室是一个封闭场所，而封闭场所几乎是治疗的必要条件。关于精神分析家和来访者之间的交流，没有什么可以透露。分析来访者想要透露什么，那是来访者的权利，但是精神分析家必须服从保密的义务。即使病人是孩子，也必是如此，绝不能泄露谈话的内容。在精神分析过程中涉及的绘画，会收集在文件夹里，而这个文件夹只有精神分析家和封面写有其名字的小孩才能接触。我们不鼓励家长来欣赏这些绘画，对家长说某个图案多么美，或是说某张血腥的涂鸦多么让人震惊。分析家和家长碰面时，他不会透露和他们的儿子或女儿的谈话内容。所有人都清楚这一点，在分析开始时，这是需要告知的一个分析条件，同时需要告知的还有治疗的时间、时长。

其背后的原因非常简单。精神分析建立在对无意识的假设之上。为了在话语、游戏、胶泥、绘画中能听到这个无意识，工作的地点就必须受到足够保护。爱和恨应该在无后顾之忧的前提下表达出来，礼数和压抑应该被放置在工作室的门外。精神分析不是礼仪学校，而真正的教养有时应该超越礼数。

因此，了解分析实践总是一件矛盾的事。精神分析家在传播精神分析时不得不举出不能泄露的实例，但是又不能说得太多，他必须要保持某种中立。但同时，随着会面的推进，分析家也可能成为不称职的妈妈、深受爱戴的爸爸、被憎恨或眷恋的其他人。

19世纪法国小说家巴贝尔·多尔维利（Jules Barbey d'Aurevilly）有着一种对弗洛伊德式探索工作的预见，他也曾面临同样的问题。在他的长篇小说和短篇小说的创作中，特别是在《魔鬼》（*Diaboliques*）文集的创作中，他和其他许多作者一样，在个人回忆中进行了深挖。他不希望自己伤害任何人，但“不幸的是这些故事都是真实的，没有任何虚构成分。我没有用他们的真实姓名，仅此而已！我给人物戴上了面具、换上了戏服”。

“换上了戏服”，这个短语在我看来十分精妙，在本书中，我们可能也要走到这一步。严守秘密的必要性与暴露内容的担忧紧紧相连。名字一定会更改，男孩有时被说成女孩，女孩也可能被说成男孩，症状本身也被处理得无法辨识。我的目的不在于讲述治疗故事，而是用一些实例告诉大家，来到精神分析家那里的孩子能够得到什么，而对孩子隐私的尊重是其中的一部分。

目 录

第一章　倾听话语 / 1

第二章　咨询地点 / 28

第三章　提出请求的时刻 / 47

第四章　辞说 / 70

第五章　创伤小说 / 96

第六章　症状的词语 / 121

第七章　会面中的物品 / 144

第八章　儿童精神分析家 / 168

译后记 / 188

第一章
倾听话语

孩子在玩沙子时另一位妈妈柔中带刺的话语，学校老师坚持的意见，儿科医生的建议，或者是没完没了的尿床，这些让人感到愤怒、狂躁，或者只是感觉到某种不舒服，但还不能把这种不舒服叫作焦虑或者抑郁。这些，在某一天，都会成为决定孩子来精神分析家办公室的原因。当然，来见精神分析家也可能有更正式的原因，比如在一个精神疾病的诊断之后，或者在拿到孩子的心理评估报告之后。

精神分析家的地址可能是医生给的，学校心理老师给的，幼儿园园长给的，朋友给的，学校同学的妈妈给的。大家互相交换精神分析家的姓名和地址，但是当问题涉及孩子时，很少有人真的会把与孩子沟通的人看作是精神分析家。他们更多的被称为医生、治疗师、心理学家，甚至是心理治疗课的老师，很少会真正被称为精神分析家。当问题涉及孩子时，大家通常对“精神分析家”这个称呼有所保留。大家觉得精神分析家的标志是扶手躺椅和沉默，这个形象包含了太多的陌生和怪异。

在历史的长河中

如今，无论是天灾还是人祸，受害人总是会接受心理帮助。记者们以强调的语气明确地报道：用于心理工作的小房子在事发现场被搭建。说出这种心理咨询师工作的小房子的在场，似乎是说出具有驱魔避邪功能的话语。他们还强调说：受害人受到的心理创伤会被明确鉴别和判定。他的困扰——失眠、恐惧、行为障碍——比身体伤害（即使这些身体伤害是不可治愈的）更常被提及。个体创伤之后，特别是被性侵之后，司法部门、警察部门和学校都会建议或者强制儿童接受心理帮助。从20世纪末开始，所有程序逐渐到位，并且获得了完全的合理性。这一点已经登录（inscrire）在更为广阔的历史活动当中了。

中世纪那种必不可少的集体形式逐步消失，在14到18世纪之间，我们今天认识到的个体已经形成。这里不得不提到《人权宣言》：每个人都是自己和自己财产的主人。从此，所有对人身权的期待，以及今天对心理权利、对自身的期待都成为每个个体的一部分。是这个个体受伤，是这个个体需要得到照顾，而不是这个个体所属的集体，也不是这个个体从属的领导者变得虚弱、领导者的身体需要恢复。我们也知道，直到18世纪末，近代的“儿童观”才出现，小孩子才不只是自己家族的从属品。从那以后，孩子存在于父母的欲望中，他不再仅是家族传宗接代的新枝新叶。

未来的历史学家也会考虑到如今家庭动荡的影响。因为，如果说当今大部分的法国孩子还是和双亲生活在一起且无论父母是否是结婚状态[1]，那么有一些家庭，无论是重组还是单亲家庭，无论是在医疗辅助的情况下生育还是利用了外部的捐助，这些家庭组成了一种新的父母形式。从前是妈妈绝对可信，爸爸永远不可信；后来，面对捐卵或代孕，出现了对母性的不确定，而基因却保证了父性。即使这些状况比较罕见，许多例子也证明了孩子和父母之间的关系可能有所不同，而对这些情况，精神分析家不会有任

1　2011年有70%的法国家庭，1999年有75%的法国家庭，父母不在婚姻状态中。参见《夫妻与家庭：在延续和断裂之间》（*Couples et familles: entre permanence et rupture*），法国统计局报告，2015年12月。

何判定要做出。[1] 对他们的治疗，和其他案例一样，都牢牢扎根于时代。

治疗创伤

因此，求助心理学家可以解决被称作心理创伤的问题，这符合我们当下所处时代的治疗观。治疗心理创伤就和治疗身体创伤一样。外科医师重新接起断掉的腿，心理学家重新整合被暴力划破的心理。创伤不是别的什么，只是一种穿过心理防线的侵犯带来的影响，就像一把刀穿透皮肤。伤口的严重程度取决于侵犯突破防线的暴力程度，以及打击能否被防御系统吸收。当涉及创伤问题时，身体和心理以同样的模式运转。心理创伤是突然的、意外的、难以想象的侵入。这是一种被视为暴力的突然侵入，因为这种侵入，对主体来说，超越了他的能力，他不能将这一行为纳入自身。主体不再是主体，他成为客体。行为超越了他的词语，超越了他的理解力，超越了他说“我”的能力。自此，心理学家的工作在于将病人遭受创伤的经历转变为词语，重新赋予主体以自己的名字说话的能力，重新赋予主体作出个人评判的能力。话语、角色扮演游戏，或是绘画、胶泥、填色，对孩子来说，都是达到这一目的的方式。

在这一情况中，和心理学家一起，我们也在那个领域工作，精神分析家就算不能完全被定义，我们至少清楚所有的边界所在：有一个主体承受了一些源头已知的伤害；显然是有一个外在和一个内在，一个原因和一个后果。和精神分析家在一起，边界才如此清晰。人的本性，无论他知道与否，都在不停地质疑自己的身份，试着创造自我的边界。认同、投射、向内投射、升华，都是不停地在起作用的机制。主体从来没有被自己的欲望赦免过。以某一

1　参见多作者：《父母和亲子》（*Parentalités et Filiation*），巴黎，第一田园（Campagne Première）出版社，2015 年。

种方式，通过对幼儿性欲的发现，弗洛伊德用“旧政权”的概念重建了让儿童感到羞耻的侵害：顺从的孩子已经被腐化，认为年龄不是乱伦的借口。因此，受害人应该也被审判。[1]然而，对精神分析来说，我们不再身处被旧政体的司法概念所支撑的罪孽世界。弗洛伊德渴望的一直都是科学，幸好是这样，孩子的多型变态才不是一种过错。当然，这丝毫不表明任何猥亵孩子的行为可以得到原谅！

精神分析的空间

因此，精神分析的实践，和其他技术一样，必须放在历史背景中去考察。精神分析实践诞生时的历史环境和今天不完全相同，它诞生于一个相当注重廉耻的社会，普遍礼仪促进了症状的爆发。当时的精神分析由一种必然的唯科学主义支撑，这种唯科学主义无论如何还是赋予了精神分析一个地位。廉耻、礼仪和症状更多的不是消失了，而是以另一种方式呈现。科学性，对有些人来说，在生物和神经科学层面总是条理清晰。

在儿童精神分析中，对这一实践的社会认同非常重要。原因很简单，因为一个孩子无法以自己的名义提出精神分析的请求。作为请求者，他请求某些东西，这些东西是他自己并不了解，但这是可以帮助他跨越自身困难的东西。孩子所处的位置和成人不同，成人能够以预防为目的，要求进行精神分析，为了更了解自己，为了在最好的条件里经营自己，让自己进行作为心理学家、教育者、一家之母、一家之父或研究者的活动。我们社会中精神分析的存在是一个事实。精神分析家之间的持续交往，在不同的辩论中、在出版物中、在大学里的表现，在和其他人文科学、医学、司法、

1　弗洛伊德：《性学三论》（我们参考的是《弗洛伊德全集》，巴黎，法国大学出版社，2015 年）；以及乔治·法维加雷洛（Georges Vigarello）：《强奸史》（*Histoire du viol*），巴黎，瑟伊（Seuil）出版社，“历史观点”系列（Points Essais），1998 年。

教育领域学者的交流中，他们的位置都展现了他们受到的社会认同。无论怎样表达出疑惑，无论怎样尝试保持着距离，无论怎样或强烈或委婉地反对，精神分析总是作为当代社会的组成部分存在着。精神分析不是宗教。其实，将儿童带入宗教活动是极具风险的，虽然这种活动起初可能会带来一些表面上的好转，事实上它却是将儿童从社会环境中抽离。每个人都可能被引导去依赖一个让他难以抽身的组织或个人。

然而，如果说精神分析防止自己成为一种宗教，那是因为精神分析希望自己不仅仅只是一种关照精神的简单技术。精神分析接受这样的社会认识，但是同时警惕成为各种不同形式的心理治疗的一个部分。存在着精神分析家试图保卫的一方特殊领地，这一权利与精神分析这一艺术的实质直接挂钩。精神分析面对的是无意识。如果知识必须和意识挂钩，那么无意识则是完全不可认知的。无意识让我们产生梦、妙词、动作过失、口误和笔误，同时也会造成症状，构建神经症或精神病。弗洛伊德一直将无意识与黑暗联系，他以一种巧妙的图画描绘了无意识。一支蜡烛的火苗或大或小，蜡烛带来的光亮总是越来越弱，但总是有光亮，可是到了蜡烛熄灭的时刻，就是黑暗，这是一种质的不同。这种质的不同，明确描述了无意识：没有意识。

无意识的无时间性

没有任何理由认为无意识不曾对每个人的行为举止产生影响。如今，当一个政治家在介绍一个提案的时候不禁咳嗽，我们就可以想见这个提案很难实现。同样，我们也可以想象古罗马集会或古希腊政治广场上类似的场景，可能那时是别的信号，并不是表示怀疑的咳嗽。这样，对精神分析的参考超越了当前的历史背景。精神分析家也是萨满、占卜官、女祭司或女巫等旧时传统的继承人。但是，精神分析将自己视作唯一一种接近非理性的无意识的理性方式。部长的咳嗽既不会预示未来，也不会指出将要做出的决定，只是突出说话人的内在冲突，咳嗽对这种内在冲突的表达是不受说话人控制的。这种精神分析的无时间性是无意识之无时间性的必然结果。只要有人类，就有无意识。只要有话语，就有言外之意。因此，精神分析实践是一种悖论，这种悖论在儿童精神分析中更为明显。一方面，来咨询的孩子想要借助特别技巧的帮助解决具体问题，而同时，在精神分析家的工作室里，孩子无法以最适合的方式向这位技术人员表达自我。让孩子来到这里的问题不一定是治疗的中心。重要的不是给出具体建议或方法让孩子不再害怕蜘蛛或黑暗，或是让孩子上课听讲或不再做噩梦。首先，孩子会得到倾听，而不只是解决问题。这里，精神分析治疗的特殊领地也符合无意识的无时间性。我们明白，治疗经历不应该成为一种强制或受限的活动。这是精神分析实践特有状态的另一面。精神分析实践只有在远离很大一部分的现实时，才能位于当下现实，才能实现。精神分析实践明显地区分于各种心理治疗的实践。如果太过紧急地要求分析有一个结果，如果过多地期待心理治疗要有很多含义，这会约束真正的分析工作的展开，这种具有约束性的现实要求，就离开了症状所指示的分析工作真正该去做的事。这时需要去做的不是倾听，而是行动。在遗尿治疗中，“禁止拉尿”可能产生一种令人生畏的效率，对恐惧症的行为治疗也是如此。

治愈恐惧

安德罗玛克是一个八岁的小女孩，她的父母来见我，一来就给了我一个处方和一份心理诊断报告。我发现他们很惊讶我不是很在意这些文件，于是我对他们解释说，在这里，他们的话语才是最重要的。他们告诉我问题所在，语气非常中立，好像在读一份医学报告。安德罗玛克害怕坐电梯。从四岁半起，直到最近，她都不能离开成年人一个人待在房间里。房间门没有大开时她也无法入睡。相对于害怕黑暗，她更害怕孤独。六岁半左右，当这些症状让家庭生活变得困难时，安德罗玛克被送去儿童精神科医生那里。通过父母描述她在那里进行的活动，我明白她接受了行为治疗。她在那里学着独自待在一个房间里，时间越来越长，甚至房子里可以再有一只猫。她还在一个小本子中画一些十字记号来记录自己的进步。结果挺令人满意的，因为现在安德罗玛克接受了孤独。睡觉的时候，房间门只要虚掩就可以了。但是，安德罗玛克和她的父母发现在这之后再也没有进展了。同时，她又遇到了坐电梯的困难。行为治疗法强迫她去尝试，但是什么都没能改变。她不想再去精神病医师那里了，她的父母也觉得精神病医师的治疗不再管用。于是，他们决定接受儿科医生的建议，来我这里，想知道我能不能继续治疗，帮她解决电梯难题。当我问到安德罗玛克有没有和自己的治疗师说她来见我这件事情时，这对 A 夫妇告诉我，她不敢和医师说这件事。他们强调下周要见医师，准备那时候再告诉他。他们要等这次咨询后再做决定。

在继续会谈之前，我向安德罗玛克的父母强调了一些细节。对于之后他们是否会再来咨询，现在我们不要做任何决定。正在进行的行为治疗必须结束。虽然要和 A 夫妇商量治疗，但是只有治疗师和安德罗玛克才能决定是否进行治疗，因此，我不会在行为治疗完成之前接待这个小姑娘，甚至应该在行为治疗之后过一段时间再开始精神分析，而不是立刻开始。因为，我的精神分析并不是行为治疗的后续。我的治疗节奏和安德罗玛克在行为治疗那里的节奏不同。我不会给她任何指令，不会让她做任何练习，也不会教给她任何做事的方法。最后一点：需要在第一次见到安德罗玛克之后，在她同意来见我之后，我们才能开始计划后续工作。

明确了这些细节让安德罗玛克的父母有些放心。他们从医学报告中走出来，心情有所缓和。会面以另一种气氛继续。他们告诉我他们的担忧和劳累。A 女士几乎要哭出来，她的感情终于可以得到表达。A 先生和 A 女士也向我坦承了他们的手足无措，他们的慌张，他们有时的易怒，完全不能理解女儿为什么会这样。他们完全不知道女儿感到困扰的原因，但是希望女儿的症状可以终止。我了解到安德罗玛克有一个比她小四岁的妹妹，她还有一个一岁的弟弟。关于她的童年、她的出生，她的父母完全没有提到任何引人注意的事。她的祖父母都还在世，但不是很亲近。他们的家庭是一个表面上没什么问题的家庭。在这次会面中，我没有听到更多的东西。我们已经不再关注医学报告，不再对痊愈有多过的要求，也不再烦恼不安。而这已经是第一步了。

一个乖巧的小姑娘

三周之后，我接待了安德罗玛克，是父母陪着她一起来的。她是一个金发的小姑娘，看上去非常沉稳，打扮入时，并且展现出一种轻盈，这种轻盈表明她对外貌的极大关心。她的父亲也是如此，穿得非常优雅，而她的妈妈穿着比较朴素。在女儿面前，A 先生和 A 女士又开始用第一次会面时的语气说话。必须要帮助安德罗玛克克服乘坐电梯的恐惧。无疑，这可能是要和我谈论的事。他们的话语就像他们女儿的衣服一样：用四个别针别住[1]。

安德罗玛克独自和我待在办公室的时候，她保持着乖巧小姑娘的态度。她什么也不碰，对任何玩具都没有兴趣，既不拿铅笔，也不碰橡皮泥。她在等待。我和她解释说，我在这里首先是为了听她说话，我还告诉她可以用她想用的东西，我不会让她做任何练习。但是，她没能放弃那种有些悲哀的被动性，结结巴巴地说乘电梯对她来说有些困难。之前，在那个行为治疗师的帮助下，那位夫人让她克服了对一些事物的恐惧，但是电梯一直不行。必须要克服这一点。

1 “用四个别针别住”是直译，指衣服穿得笔挺，打扮得整整齐齐。译者注。

很快我就发现，治疗不可能走得更远了，不能这样去指望。我能让这次会面由一个游戏或一次绘画开始，让小来访者做个胶泥作品，等等，但是我感觉到这些在今天都没用，都很刻意。安德罗玛克和她的父母一样，期待着我的治疗能够完成上一个治疗没能完成的事情。他们总是在找一个更为有效的治疗措施。在会面最后，我对安德罗玛克说最好等等再来见我，等到她要求来见我的时候再来。因为我们已经认识彼此了，她已经知道和我会面是什么样的。我也把这点向她的父母解释了，我还补充说他们不需要在女儿面前拿腔拿调；安德罗玛克的恐惧引起了生活混乱，导致了他们的疲惫与烦恼，而他们可以表现自己的疲惫和烦恼。

一个家族故事

六个月后，A 先生一个人来见我。他引起了一场风波。他看上去有些萎靡不振，穿着不再那么像时装模特，这样反而显得更为自在。他的话语也改变了，疲惫不堪。长时间来，家人都想搬家，他们也终于找到了合适的公寓。但是公寓在九楼，而在此之前他们都住在三楼。孩子对电梯的恐惧成了更大的阻碍。家里爆发了一场争执。A 女士已经不准备搬家了，然后安德罗玛克就跟父母说，她准备回去见“玩具先生”了。

A 先生之所以今天单独来见我，是因为他有事要跟我说，他的妻子建议他来和我说。他有一个妹妹，小时候行为和安德罗玛克非常像：她什么都害怕。有一天，在二十五岁左右，这个妹妹消失了。他们家人都很担心，直到几年之后又找到她，就在安德罗玛克出生前一段时间。她变成了流浪者，但她很享受这样的状态，不愿意改变。当 A 先生遇见一大群流浪者的时候——A 先生没有委婉地用“无家可归”的人来描述他们——他很害怕在其中看到自己的妹妹。这可能已经发生过，但是他不太确定，也不敢确定。当他在自己居住的城市里转悠的时候，这种担心困扰着他。当然，安德罗玛克应该不知道这件事。他自己提到这件事情只是为了解释自己不安的原因，告诉我为什么他希望自己的女儿治愈。当他和我讲这些的时候，他没有发现女儿的恐惧和自己妹妹的故事之间的因果关系。

首先，我不去对这种联系进行预判。不过，A 先生在女儿的症状变得如此难以忍受，以至于必须进行精神分析的这一个时刻提到了这件事情。这可以意味着：无意识的参与和压抑的解除在这里起了作用。而现在，正是上面的这一可能让 A 先生使用了他的请求来见我。他没有意识到因果关系，但是在我再次见到他女儿之前，他告诉了我他妹妹的消失以及他的担心、厌烦与疲倦。安德罗玛克怎么可能会错过这样的心照不宣？可能有很多窃窃私语，戛然而止的对话，以及用意味深长的眼神示意孩子来了，不要再说了，这里或那里不小心说出的话，都会让小女孩起疑心。因为安德罗玛克是一个可爱的、被宠爱的小女孩，所以她能察觉到父亲在城市街道上流露的担心。她甚至可能已经在和爸爸一起的时候遇到了令人不安的流浪者。难道大家就不担心安德罗玛克像这个消失的姑姑吗？从这点出发，安德罗玛克和消失的姑姑有直接的关联。家人的不安，失踪之谜，在她出生时重新找回姑姑的惊喜和沮丧都影响着安德罗玛克，以无意识的方式在她的症状中体现出来。

文字游戏

安德罗玛克的精神分析式的心理治疗可以开始了。治疗持续了很久，直到“没有姑姑”的恐惧不再是理由，直到安德罗玛克可以乘坐电梯，而不会想到悲剧般的家族故事。但是，不能以为简单地把安德罗玛克的恐惧和消失的姑姑之间的联系表明就够了。精神分析不是变魔术。还需要经过安德罗玛克的认同，梳理她对自己的担忧，梳理她不明白大人们不让她知道的事情是什么；梳理一位父亲的极度焦虑，这位父亲不明白在他的妹妹身上发生了什么。因为不是所有小孩都会因为一个精神失常的姑姑而对电梯产生恐惧。总还是有一部分原因是我们尚不得知的。姐妹（frangine）出了麻烦（panne）可以导致对杏仁奶油饼（frangipane）的反胃。姑姑（tante）的消失可以导致对露营（tente）的恐惧，这种联系我们比较容易理解。但在这里，在和A先生会面以后我们发现，姑姑的消失导致的是对电梯的恐惧。相比于文字游戏般的发现，更重要的是和A先生的会面而激发出来的动力。症状包含的言下之意得以在话语中流传，一种对痊愈的要求得以在话语中逐步形成。

精神分析实践要求一定程度上的放弃。放弃对痊愈的要求，放弃将精神分析视作一种医学会诊，或是医学会诊的一部分；放弃“只追求痊愈”，并不意味着不希望病情有所好转。恰恰相反，这种放弃意味着不要为了改善症状而改善，从而让症状有消失的可能性。当我们能够不再时时关切安德罗玛克的恐惧有没有消失，而试着理解这种恐惧、找到背后的原因时，小姑娘就有可能不再害怕电梯了。精神分析家的工作不在于根据某种模糊的理论给出某种强力的技巧。精神分析往往是最后一根稻草，但如果说精神分析可以解决其他疗法不能解决的问题，那并不是因为精神分析家比其他医师掌握了更多的知识，更多的是因为精神分析家有能力接受意外。没有任何词汇书会把“姐妹”和“电梯”[1]两个词联系起来，没有任何教材会把对电梯的恐惧和姐妹的失踪联系起来。而在这个故事中，最惊讶的还是精神分析家。直到会面前，他都是唯一一个不知情的人。安德罗玛克对这一联系的了解在无意识中通过她的症状表现出来，爸爸对这一联系的了解通过他的焦虑表现出来，而妈妈对这一联系的了解通过她向丈夫提出建议表现出来，她建议丈夫来见我，向我讲述姐妹失踪的故事。

1　在法语中，“姐妹”（sœur）一词与“电梯”（ascenseur）的后一音节，在发音上相似。译者注。

没有辅助手段

在表现精神分析家的漫画中，或者在以诙谐的方式呈现精神分析家的公众读物中，除了长沙发和扶手椅以及弗洛伊德式的胡子，一支铅笔和一张纸就代表了医生的全部工具。没有一个精神分析家不是以边听边忙着记录的形象出现的。没有书写工具的精神分析家似乎让人难以想象。但是弗洛伊德早期的准则之一是这样的：精神分析家的技术不需要任何辅助手段，包括记笔记在内。[1] 这是被弗洛伊德称作悬浮注意的基础，这种注意对应着精神分析来访者进行的自由联想。由病人自己说出浮现在他脑海里的东西，不要有所挑选，也不要有所禁忌。精神分析家要做的就是倾听，不要试着重构文本，不要试着建立时间线，不要试着搭建故事。精神分析家听到的单词就是一些音素的组合。只有这样，抛开禁忌，父亲的姐妹才会出现在恐惧电梯的故事里。正是以这种方式，精神分析家在孩子没有意识到的情况下，重新发掘孩子的特性，转变他们的言语。孩子们的这些让大人们发笑的话语，也可以在他们的梦和症状里发现。

弗洛伊德曾经对一个恋物的年轻人做精神分析，这个年轻人只喜欢鼻子上有某种发亮东西的女人。光亮（brillance）这个词，在德语中是“Glanz”，这个词来源于向着鼻子的目光，用英语说就是“glance at nose”。“这一发现出人意料地起着澄清作用，因为事实上，病人在英国长大，之后去了德国。在德国，他几乎完全忘记了自己的母语。恋物癖在童年的最早几年就出现了，那时候他不说德语，而是说英语……所以鼻子是他的物神。”[2] 弗朗索瓦兹·多尔多在阿尔卑斯山里有一段比较曲折的旅行，在旅行中，她听到两个小孩说话，他们的父母因为火车晚点引发担心，两个

---

1 弗洛伊德：《给从事分析治疗的医生们的建议》（*Conseils aux médecins dans le traitement psychanalytique*，1912），《弗洛伊德全集 / 精神分析 · 11》，第 145 页。

2 弗洛伊德：《恋物癖》（*Fétichisme*）法文版，《弗洛伊德全集 / 精神分析 · 17》，第 125 页。

小孩在说一些神秘话语，想象引发的音素[1]：等候室（salle d'attente）变成了军旅帐篷（soldats-tente），取暖用的露天火盆（brasero）成了零手臂（zéro bras），而合上（rabattre）折叠式座椅进一步维系了小孩的施虐幻想："为什么要打（battre）他们呢？"

每个人都听到了两个小孩不由自主的文字游戏。每个人也都能意识到有时候很难回想起这些文字游戏。他们的回忆似乎和梦中画面一样转瞬即逝。孩子的相册就可以用来记录这些，在掉第一颗牙时或者在第一个好朋友的名字旁边记下来。但是，精神分析家的工作不在于创建这样一个记录本。

文本失效

倾听通过经历文本失效而实现。文本是指所有构成主体特性的、可以写下来的部分。文本以最平常的方式开始，对于病人（这里是精神分析家接待的儿童）作为文本可能呈现给精神分析家的所有一切，精神分析都要与之保持距离。我们很容易明白，没有任何医嘱可以代替一个请求。相反，医嘱可能会让主体与欲望保持距离。安德罗玛克花了六个月才领会到精神分析的步调。过早的指令会导致同样模式的会面不停重复，而导致其症状的无意识关键一直不浮现。同样，从阅读父母提交的医学报告开始治疗，这会绕过所有关于这个小女孩的话语本身。一个精神分析家接待的是一个孩子，而不是一份文件。对精神分析家来说，甚至不可能面对一份文件工作，不管文件的质量如何。然而，这并不表示对所有书写材料抱着蔑视的态度，有时候，伴随医嘱的一些建议，对让孩子能够参与到分析步骤之中，起到了必不可少的作用。心理诊断报告的有用之处在于指明困难，突出困难，指导孩子在学校的所作所为，或是决定孩子是否应该咨询精神分析家。不过，这些文

1 参见弗朗索瓦兹·多尔多（Françoise Dolto）：《词与幻想》（Mots et fantasmes），《关于欲望》（*Au jeu du désir*），巴黎，瑟伊出版社，1981 年，第 17 页。

本在精神分析治疗过程中没有什么用处。如果分析家了解了这些文本，他就要把它们转化为话语。他可以和家长及孩子一同阅读：

“这是您女儿的评估报告，你们怎么看？”

“这是人们写的一些对你（您）的看法，你（您）同意吗？”

这里，文本的失效是通过将其视为观察对象而实现的。文本不是最终的真相，也不是绝对的指令。分析家要做的是将文本带入对话之中，并挑选适合孩子的称呼用“你”或“您”与孩子对话。选择称呼他为“您”或者“你”，这是我的选择，但通过了他的同意。既不是屈尊化的“你”，也不是中立化的“您”。在我看来，这是与已有内容保持距离的最好方式，也是投入精神分析之中，建立文本之外对话空间的最好方式。

在这个对话空间之中，什么都可以说。这个地方，日常交流的习惯规矩统统被搁置一边，这样的空间必须从对倾听者中立性的信任开始。在会面期间，精神分析家暂停道德评判。但他同样保持着一个人的特性。他是父亲或母亲、兄弟或姐妹、儿子或女儿、叔叔、同事、朋友。他也会感受到这个或那个亲朋好友的爱、漠不关心或厌恶。没有任何原因让精神分析家不同于他人。人们有时加在精神分析家身上的冷漠特性只是让他被认为不具有能力，在倾听自己身边人时没有最低限度的必要同情。会面中的中立化不意味着无动于衷。相反，精神分析家必须保证这种中立化。在一些例子中，中立化无法实现，特别是其本人也是其中一部分。对精神分析家来说，当他接待一个过于亲密的病人时，或者当他的病人与他变得过于亲密时，被我们称作节制原则的某一方面就不可能达到。这里要保持距离的是另一种文本，也就是讲述人生的文本。就像乱伦，里面有一种绝对禁忌：母亲、父亲、兄弟或姐妹就是绝对禁忌的。对于表兄弟姐妹和堂兄弟姐妹而言，情况有所不同，每个不同情势都决定了不同的禁忌程度。分析家做决定的根据是：他了解到的他自己的故事，或者他了解到的他的来访者的故事。

如果说，分析家了解自己的故事是必须的，他还要了解精神分析的一些经典。他要研究学习《性学三论》，研究学习梅兰妮·克莱茵（Melanie Klein）、卡尔·亚伯拉罕（Karl Abraham）、安娜·弗洛伊德（Anna Freud）关于儿童发展阶段的研究，这样他就能够区分食人性的口欲（oral cannibalique）和攻击性的肛欲（anal agressif），他也能形成自己关于阶段接续的观点。这样，当他接待一个孩子时，他就能够将他的症状与这样的阶段相联结。当然，有时候，这一做法也会捉弄他。

精神分析家的知道（savoir）

阿尔西斯特的妈妈希望我接待她五岁的儿子。两年前，他弟弟出生以后，他就经常呕吐。他经历了各种医学检查，都没有结果。不过从那时起，他开始接受医学治疗，也不再呕吐了。但是，这种停止只是作为权宜之计的医学治疗起的作用。B 太太告诉我，她的儿子在一个兼具心理治疗和精神分析的人那里接受治疗，已经有一年了。她更具体地说，他们在排异反应（rejet）和口触癖（oralité）上下了很多功夫。不过，这没有带来大家期待的效果。在此期间，他们搬到另一个大区，治疗就暂停了。在会面的最后，虽然 B 太太毫无保留地讲述了阿尔西斯特和她家的故事，我的直觉还是告诉我，她隐藏了一些事情。于是，我再一次问 B 太太妊娠期间的情况。她想起来两次妊娠都伴有严重的恶心，之后就是呕吐。她补充说，她的呕吐让孩子们的父亲感到非常恶心。

这些信息还不够。B 先生之前都拒绝会面，直到我要求 B 先生来见我，为了让阿尔西斯特能够摆脱过多的母性认同，为了让精神分析家的会面不仅仅是女人和孩子的事情，不仅仅是母系的事情。阿尔西斯特已经有接受精神分析技术的经验。他妈妈提到的关于排异反应和口触癖的工作不是没有用处。在不求助于医学的前提下，极少的会面就停止了呕吐行为。

漫画家笔下的精神分析家，手中有铅笔和白纸，这可能会让人很难相信：进行精神分析治疗时其实只需要倾听。本应该有很多魔法出现在搞艺术的人那里。这是因为人们忘记了语言的魔力，忘记了孩子使用的未经理性化的语言的魔力。过了儿童期之后，这一被压抑了的魔性魅力只有在口误、过失行为、梦中的画面和症状里可以得到见证。

1929 年，弗洛伊德在给他的学生桑多尔·费伦齐的信中写道：“抵抗分析的最后面具，即职业医学的面具，对未来来说，是最危险的面具。”[1]我们在阿尔西斯特最初的治疗中看到这张面具产生的效果。职业医生恰如其分地运用了自己的知识，因此，他错过了在背后困扰着孩子的最重要的原因。应该与精神分析理论保持距离，忘掉各个时期和阶段，远离职业医学的面具，从而让这个症状背后真正的原因浮出水面。

“我”不是家里的主人

不要因为自大而犯错误。所有的精神分析家，在这一刻或那一刻，都会遇到这个困难。正是对这个困难的挑战，无意识的实践呈现出来。弗洛伊德清楚地表达了无意识的重要性。“普遍自恋，人性自爱，到目前为止遭受了三次来自科学研究方面的严重冒犯。”[2]这三次冒犯分别是：哥白尼的冒犯——地球不是宇宙的中心；达尔文的冒犯——人是一种动物；以及精神分析的冒犯——“我不是我自己家里的主人”[3]。这就是精神分析家应该坚持的观点。弗洛伊德的冒犯符合我所说的文本失效。重要的是要承担所有的后果。可以说哲学家、

1　弗洛伊德，桑多尔·费伦齐（Sándor Ferenczi）：《书信集》（*Correspondance*），第三卷，巴黎，卡尔曼–李维（Calmann-Lévy）出版社，2000 年，1929 年 4 月 27 日信件，第 411 页。
2　弗洛伊德：《精神分析的困难》（Une difficulté de la psychanalyse），《陌生的焦虑和其他文论》（*L'Inquiétante Étrangeté et autres essais*），巴黎，伽利玛（Gallimard）出版社，1985 年，第 181 页。
3　同前，第 185 页。

思想家、某些作家、很多艺术家在无意识的发现方面都是先于弗洛伊德的，但精神分析的实践以一个不同的视角表达了这种发现：精神分析将无意识过程呈现出来。“精神分析唯一的优势就在于不满足于抽象地断言非常复杂的两个观点——精神当中性欲重要性的自恋和精神生活当中无意识特征重要性的自恋，而是根据材料将这两个观点呈现出来，这些材料是不同个体自身所涉及的，这些材料迫使个体不得不面对这些问题。”[1]

每个孩子都迫使自己放弃全能自恋的幻想，放弃相信自己是世界中心，发展的各个阶段能被理解为这一放弃过程的各个节点。那些糟糕的事，比如这个例子中的呕吐，或者其他例子中的便秘和遗尿，可能在某个术语表中亦有出现。不过，它们的意义更多地在于这是一种话语，而不是发展阶段中一次糟糕的失败经历。这是孩子在生活中某一个时刻表达自己无意识欲望的方式。因为，对孩子们来说，“我”也不是家里的主人。

精神分析的不对称

儿童精神分析的一大特征，就是这种精神分析的对象是儿童！这种重复强调说明了这一实践的不对称性。儿童精神分析家不是另一个儿童，而是一名成人。当一个成人与另一个成人会面，他们一开始会聊些大人的事情。即使精神分析家一开始就试着倾听前来会面的儿童，这也是一种从自我到自我。在环绕着成人的物质世界里，成人们拥有的关系或多或少有着相似性。他们都要工作，或者他们都不得不忍受些什么，他们经历着爱情或性，他们的话语对于所有懂得这门语言的人来说都是可以理解的，他们都觉得自己可以自由地决定自己的行为。如果不是这样，他们关于金钱、性、语言、做决定方面的行为就会被视为症状。当然，精神分析质疑这种表面的

1 同前，第 187 页。

自由，这种对于他人或自己的爱，这种自由表现在对于职业活动或娱乐活动的兴趣。不过，关键在于，是否要进行精神分析是每个人自己的决定。至于精神病人，虽然不能说是他们自己做的决定，但他们的同意还是进行精神分析不可缺少的部分。

会面的诸种条件也强调了这种不对称。一人付钱，一人赚钱；一人躺着，一人坐着；一个人有助理，还能决定会面的时间长度。精神分析框架下的每一个组成部分都在治疗的这一刻或那一刻受到怀疑。可能，有人会觉得精神分析家在不受制约地变得富有，让懒惰的广场恐惧症[1]变成一种职业。分析来访者可能对房子、家具或分析家的穿着有一些自己的评判。这些攻击都在移情这一行话所说的意思上发生，这里攻击指向的是精神分析家所化身的人物，是对他们所产生的敌对情绪的表达。这表明，精神分析正在进行中。不过，当精神分析中不对称的条件一开始就被拒绝，当潜在病人拒绝由分析家来决定会面时间和会面长度，不想付钱或只愿付一点钱，甚至要求坐分析家的椅子，要分析家用详尽无疑的方式解释他的状况，精神分析家就要意识到这个治疗无从开展。上述情况就属于不可分析的病例。

“我时刻牢记，精神分析工作分为两个独立的层面展开，牵涉两个不同的人，他们各有自己的职责。”[2]这就是分析家和被分析者。看起来似乎令人惊讶，在弗洛伊德最后的文章中，这位精神分析创始人不得不重申这一不言而喻的事情。但是，对这一前提的肯定并非不言而喻。精神分析家，要想有效率地工作，不能依靠一种知识，如同医生一样。从此以后，风险在于对无知的热情。

1　1896年，弗洛伊德因父亲去世得了广场恐惧症，不敢出门，“懒惰地”待在家里。后来，他通过分析自己的梦并借助与弗利斯的会面和通信解除了自己的症状。这一经历极大地帮助弗洛伊德建立自己的精神分析理论，造就了精神分析家这一职业。因此有人认为，弗洛伊德只是将自己的症状变成了职业，一个人待在家不出门，光靠倾听来访者吐露心声就能挣钱。译者注。

2　弗洛伊德：《精神分析中的建构》（*Constructions dans l'analyse*），《弗洛伊德全集 / 精神分析 · 20》，第62页。

所有分析来访者的期待都可能导致位置的混淆。

如今，描绘精神分析家和分析来访者特征的词语不同了。这不再是分析家与被分析者的相遇，而是分析家与分析来访者[1]的相遇。不过，即使新的名词让被接待者显得不那么被动，但总是精神分析家掌握着治疗的缰绳。为此，在自己的日常实践中，精神分析家让在他那里实现的精神分析起作用。事后，他的精神分析就具有了培训的性质。他能够从倾听自己的无意识出发，听到病人话语中的无意识。他了解梦的凝缩、形象与移置的机制，因为他自身经历过这些。当需要回答或者闭嘴的时候他都知道怎么去做，因为他经历过向自己的精神分析家提出请求的阶段。这些请求面向母亲、父亲、其他人，包括对爱的请求、对奖赏的请求、对惩罚的请求。在他自己的分析来访者面前，分析家自行消失。这些要求重复着让他错乱的事情，从那以后，他更清楚了一些。病人躺在长沙发上，可能唤起分析家的欲望，而不需要分析家意识到自己已卷入其中。这样，精神分析家带着自己的分析在工作，自己的分析从不停息地起着作用。当然，他不和自己的病人进行自己的精神分析。每个人都有自己的场景，每个人都有自己的角色，弗洛伊德重复强调这一点。精神分析的框架让分析的场景成为可能。

在儿童精神分析实践中，关系的不对称性不言而喻。人们不可能弄混精神分析家和他的病人。我们不能想象一个小孩成为一个成人的精神分析家！精神分析框架的作用不再是将每个人置于其角色的位置，所以，这一框架可以简化为一种单纯的技术规定。什么也不多，什么也不少，精神分析家办公室里的样子与心理学家及医生的办公室都一样。具有象征意义的长沙发—扶手椅消失

1 “被分析者”与“分析来访者”在法语当中是非常不同的：“被分析者”的法语是“analysé”，这是被动式动词转化而来的名词，对被动的意义有所强调；“分析来访者”的法语是“analysant”，这是动词的进行时态转化而来的名词，强调分析在进行当中，强调在进行，而没有被动的意义。译者注。

了。会面的价格，和会面的时间一样，通常不是由孩子定的，即使要告知孩子这些信息，会面的费用更多的时候不是问孩子要，而是问孩子的父母要，或者问孩子的负责人要。有可能定一个象征性的付费，即某个价值不大的小物件，让孩子在每次会面的时候带给精神分析家，但这不是现实生活中的付费。这一象征性付费的作用非常清楚：这不是真的报酬，而是付费的表现。一个成年来访者梦到把钱付给精神分析家，在真正进行会面之后，是不能免除付费的。因此，儿童精神分析框架可以缩略为一个知道的成年人和一个被纳入他不理解也不能控制的情形当中的孩子之间的对质。于是，分析性的心理治疗成为情感的再教育。

对知道的请求

贝热尼丝快六岁了，她的妈妈来咨询我，因为她的女儿近来出现了大便失禁的状况，她重新开始在内裤里排便。那时是五月，她觉得贝热尼丝是因为要开始上小学而焦虑。她告诉我，她的女儿已经会阅读和写字了。因为她在幼儿园的最后一年跳级了，她跳过预备班直接上正式班。可能贝热尼丝在担心她不能和班上同学一起上课，但是事情只能这样，无法改变了。“为此我让她做了很多努力”，C 夫人坚持说，她以前是小学教师。她觉得我和贝热尼丝见面没有用。几年前，她女儿一岁的时候，她已经做过心理咨询，那人无疑是个精神分析家。当时是在一个接待儿童的门诊机构进行的，人们没有跟她说处理她问题的人是谁。她被问到关于儿童卫生习得的相关问题，她不知道如何回答，并感觉自己在面对这一苛责时被缴械了。于是，那位精神分析家——C 夫人坚持用这个词描述儿童诊所的人——向她展示了一个螺旋图，并做了一些解释。他解释道，在肛欲期，孩子将自己的粪便献给母亲。如果她开心地接受了这一礼物，她就满足了孩子的愿望。相应的，她应该要求孩子在某些时刻在便盆中制作这个礼物——便便。如果孩子能接受这一约束，妈妈会更开心。这样，孩子就养成了卫生的习惯，又避免了冲突。我们在螺旋图中也攀登了一番。C 夫人希望我教给她一个方法，从而以同样的方式解决现有问题。我拒绝了，并要求见贝热尼丝和她的父亲，C 夫人再次强调这不可能。她的丈夫永远也不会同意。她还向他隐瞒了她来我这里的事实，上一次咨询她也没说。于是我们就暂停在这里了。

我们会发现精神分析的悖论。精神分析会产出一个文本，一个知道。它们应该可以被传递，应该可以被纳入医学和心理学知识体系。然而，这一博学并不揭示精神分析的实践。从糟糕的角度讲，C 夫人在儿童诊室接受的咨询并不是精神分析的实践，博学在这里产生的是被弗洛伊德称作野蛮的精神分析的东西[1]。野蛮的精神分析在于运用分析框架，利用已获得的分析文化装出一个分析家的样子，来阐释梦、口误或行为，同时又不注意病人接受这一阐释的能力。要有说话的时间，更准确地说，要有某个时刻，精神分析家所说的就是分析来访者的话语。在这一时间之外，阐释都是野蛮的。若精神分析家想象着能立刻理解，愿意直接给出阐释，那么他就是把自己放在代替他人的位置上。我原本可以和贝热尼丝妈妈说我所听到的：她对女儿上学的问题感到厌烦。但是，她自己其实已经知道这点了。如果把问题直接反问回去，一定等不到任何改变。这一话语也不会进入任何无意识活动。

悬置回应

野蛮阐释，即使以澄清卫生习得的名义，也只是肯定了文本知道。做出这种陈述的人，和做出解释的人一样，主导了关于孩子的言论。对孩子说还是对孩子的父母说不重要，重要的是他要对童年有所了解。我一点也不知道 C 女士提出关于孩子学业需求的原

1 弗洛伊德：《论“野蛮”的精神分析》（*De la psychanalyse “sauvage”*），《弗洛伊德全集 / 精神分析 · 10》。

因，也不知道她秘密进行咨询活动的理由。我不知道贝热尼丝症状中的哪个部分显现了她的欲望。但是，C 女士的第一步就表现出她必须要得到确定知识，这样她就关上了提问的可能，虽然可能并没有完全关上。可能这个前任小学教员想要见到的是一个老师？但是她为什么停止工作？对她来说教师意味着什么？这些问题我并不想向她提出，而是试图在我听到的东西里面找到答案。我还没有一个成型的答案，但是我准备好了，和她一起，走进探寻的丛林。还需要她接受越过这一非认知领域的边界。现在，她还做不到这一点。她之前遇到的，不是一个向导，而是一个养路工人，这个工人拿掉了路上的障碍，划出道路，盲目地开垦。她想要以这种方式继续，但她想要走到哪里去呢？

为什么，在儿童精神分析的实践中，需要除去焦虑这一必要部分呢？我拒绝同 C 女士走上和之前一样的道路，这是一条让症状被掩藏的途径。对卫生的习得是孩子人生中非常必要也非常重要的一环。在当今西方社会，学校的成功不容忽视。但是这些建议中每一条本身不应该是目的所在。强迫自己洗澡，无法结束学业，这些成为新的症状。和其他任何实践相比，儿童精神分析工作可能导致人们忘记必不可少的观察的重要性。孩子被带来，希望被治愈，这里涉及要照顾孩子的问题。精神分析家成为了灵魂的医生。这里，精神分析框架是唯一能避免这一混淆的。如果试图混淆，我们就堕入了荒谬。和儿童简短会面的滑稽表演，或是会面中阅读日志的滑稽表演都是招摇撞骗。这些悲哀尝试只是为了展现分析家，这个分析家关心的不是在场的人本身，而是这些辞说中的能指。正是分析家，正是其本人，表现了精神分析实践的特别之处，并不是要分析家扮演主人的角色，或是消除在请求背后存在的哪怕最微小的但必要的焦虑。保持距离是不可缺少的。

明确地回答提出的问题，说“这就是您为了您的女儿养成卫生习惯需要做的”，或是“别再厌烦你的女儿”，这就消除了请求中的无意识维度。而无意识维度，在定义上，就是无法被意识到的。只有听问题的人悬置回应的那一刻，无意识才能被听见。不过，这一答案的缺席不应该和医学知识的留置混淆起来，当今立法者反对医学知识的留置。悬置回应并不是拒绝告知某个文件中的内容，并不意味着："这是我的知识，为了你好，我不能告诉你。"一个恰如其分的回应可以消除疑问。回应可以让问题不再有存在的理由。回应是返回到问题，也就是说，回应就在问题之中。

"如何让贝热尼丝不要再烦我。"

"别再厌烦你的女儿。"

因此，我们要明白问题背后的东西是什么，在这里就是说，是什么东西让这个孩子在裤子里排便，让她大便失禁。延迟对此回应非常有用。有时候，如果唯一的方法是让来访者觉得分析家没有现成的答案，就像我在贝热尼丝和安德罗玛克那里碰到的情况一样，那么最好是悬置首次咨询的时间。

侦查无意识

通常，专业健康人士都有方案解决人们提出的问题。儿科医生、精神病医生、心理医生、心理治疗师和再教育师（rééducateur）推荐一些调查，找到解决儿童困难的方法。他们发展问题，强化问题，从多个角度研究问题，从而找出最合适的方案，最有效的技术。他们的行动通常戴着成功的皇冠——症状消失了。安德罗玛克不再害怕孤独，贝热尼丝也能保持卫生。很多时候，精神分析是在最后被考虑的，当那些最早的治疗经历都遭受失败的时候，人们才会求助于精神分析。同样，在夏洛克·福尔摩斯的故事里，一个咨询者可能是被"苏格兰场的警察送来的。就像医生有时会将他们无法医治的病人送给江湖郎中”[1]。定义它的术语的模糊性——当对象是儿童，人们也会把精神分析称作心理治疗——标志着分析家本身也是这些专业人士中的一员。因此，精神分析家要如何表明是什么让他的实践与众不同。我们看到，首先就是将自己已知的事情放到一边。“在获取所有的元素之前搭建理论，是一个巨大的错误。它会歪曲判断。”[2]福尔摩斯在和华生的第一次探案中就明确地说。精神分析家知道自己不知道，或者说，他知道他的所知并不准确，只是恰巧因为这可能太过合适。他让自己先不要回答。他打赌这一回答的延迟能够让精神分析式的心理治疗开始。有比回应更好的：话语会在会面中悄悄露出，通过游戏、绘画、词语表达出来，这样就透露着症状的意义。“没有什么比细节更重要”[3]，福尔摩斯不停地宣称。无知激发对知识的追寻，不回答不会消除疑问，而会打开疑问的欲望。

从弗洛伊德经验的一开始，最早期的精神分析家就跳出治疗背景，跳出已知的部分，对传递的结果进行了提问。他们特别询问了性教育会让孩子蒙受的可能的创伤。[4]他们中的一位，奥托·兰克（Otto Rank），将注意力放在这一事实上：很早完成的性教育可能损害孩子以后的智力。对性的好奇挑起了对知识的渴望，滋养了对学业的热忱。[5]在这种形式下，性问题不再列入议程讨论，即使随着对关于儿童和青少年行为的色情电影效果的担心，性的问题会再次重现。至关重要的始终是升华作用，这显示出冲动和教养之间的关系，这种始终处于动态的关系，是风俗史的线索。而今天，

1 柯南·道尔：《退休颜料商探案》，见《福尔摩斯探案集》，巴黎，公共汽车（Omnibus）出版社，2007年，第三卷，第1025页；参见帕特里克·阿夫纳拉（Patrick Avrane）：《福尔摩斯和侦查无意识》（*Sherlock Holmes & Cie. Détectives de l'inconscient*），巴黎，第一田园出版社，2012年。

2 柯南·道尔：《血字的研究》，同前，第一卷，第37页。

3 柯南·道尔：《歪嘴的人》，同前，第一卷，第631页。

4 参见《最早期的精神分析家们，维也纳精神分析协会的时刻》（第一卷），1907年12月18日会议，巴黎，伽利玛出版社，1976年，第286—291页。

5 同前，1909年5月12日会议，第二卷，第230页。

神秘性变换了位置。“如今，不再是孩子出生在卷心菜里，而是死者，他们消失于花丛。”[1]我们传递给孩子的死亡的表现，无疑从精神分析出现以来就改变了。对可信的想象（天堂，天国……）的表达，解释了死后的命运，但是这一表达不再那么确信了。这是一种去宗教化的效果。信仰支撑甚而宣扬着死亡，这样死亡的话语越来越少了，沉默常驻。本来可以断言的“你的父亲在天堂”的回答被一种疑问替代，有时候这种疑问以这样的形式表达给精神分析家:“他的爸爸去世了，如果他问我这些问题，我要怎么回答他呢？”

实在和现实

相反，关于孩子怎么来的问题被切成好几部分。对于“他们在卷心菜里或者玫瑰花里出生，他们由鹳带来”这样的话语，被父母用一些真实的断言来替代，如告诉孩子，他们来自卵子和精子，来自阴茎、阴道和子宫，爸爸和妈妈的生殖器。诸如此类答案的内容多种多样。这表现出回答者与现实的关系是怎样的。也就是说，所谓科学而准确的回答也有升华的价值。孩子能听出父母压抑了什么欲望。因为实在是不可能说出来的。我们为何不能明确地说出人的生命的来源：受精、成活、出生？但是，在配子[2]时，他已经很强大了。不可能明确地说，不代表我们不可以决定怎么说，这是一种话语行为，一个关于实在的象征。有时候，这一领域的混淆被忽略了，现实领域被当成了实在领域。现实是实在构造的结果。现实由关于事物的话语支撑。在伊努特人族群中，有十二个指代冰的词语，就有十二种冰的现实，而对巴黎人来说只有一种。两个生殖器的相遇，精子和卵子的相遇，阴茎和阴道的相聚，

---

1 菲利普·阿西叶（Philippe Ariès）：《中世纪以来西方死亡历史研究》（*Essais sur l'histoire de la mort en occident du Moyen Âge à nos jours*），巴黎，瑟伊出版社，“历史观点”系列，1975 年，第 200 页。

2 配子，生物学术语，指生物进行有性生殖时由生殖系统所产生的成熟性细胞，分雌雄，也叫生殖细胞。译者注。

都是向孩子解释性事的现实元素之一。如果他们摒弃欲望来谈，这些解释都是真的，又都是假的，也都是不完整的。只有在人工授精出现的时候这种说法才有改变。可以用一个已经过去的实践作为例子：一对夫妻，丈夫无法生育，他们通过人工授精孕育孩子，精子是另一个男人的。那么，当这个孩子问起自己是怎么来的时候，要怎么和孩子说呢？几近准确的说法是，回答要能把几个不同的领域区分开，生父和养父，解剖学上的和欲望上的，这样的区分才能被父母接受。

我们还知道，一些因为照料不孕不育者而出名的疗养城市——在不久之前，人们以为只有女性才有不孕不育的问题——让一些人和另一些人相遇，然后极有效率地解决了问题……米兰·昆德拉还就此写了一本小说[1]。而家谱爱好者们忘记了，可能在他们的系谱中有某位母亲失足，或是有某个情形允许把别人家的孩子登记成他们家的。家谱（généalogie）不应该和系谱（pedigree）混淆。唯一的连续就是在这些变化中欲望的连续，即使是最残酷的变化。欲望从定义现实的话语开始传递。精神分析的赌注在于支撑这样的话语。

精神分析家的位置

这样，面对儿童的精神分析家在两个暗礁之间摇摆。第一个暗礁，是精神分析家完完全全保留了心理治疗的特性。他夸耀自己的全能，他知道无意识的内容，他发现生命的缺点，他让隐藏的事件重见天日。他重构真实的个人故事，重构一个不带隐瞒和保留的家谱，他视他接待的小男孩或小女孩为这事件、故事、家谱中的孩子，他必须解释，哪怕略显残忍。第二个暗礁，是他完完全全让知识缺席。悬浮的注意力造成了被动。他一言不发，等着

1　参见米兰·昆德拉：《为了告别的聚会》（*La Valse aux adieux*），巴黎，伽利玛出版社，1978年。

症状的意义浮现。他认为，所有父母的问题，所有会面中父母对儿童行为的干涉都让孩子不是自己，让孩子做出抵抗行为。因此，我们要与两种不同的方式打交道，以保证处在沉默当中的精神分析家的位置，也就是说，精神分析家本身不参与到对自己实践的定义当中。这是对治疗框架构建的两种漫画般夸张的方式。强制会面时间，强制会面时长是全能的体现；精神分析家的倾听、保密、惜字如金，则又成了消极与沉默的等待。

弗洛伊德用一桩逸事来让人懂得精神分析家最恰当的位置。这个逸事，通过对我们说的和没有对我们说的，使我们明白颇多。一个准助产士在考试，评委医生们问她在分娩工作中发现水中有胎粪意味着什么，为什么新生儿要排便？准助产士毫不犹豫地回答说，这是因为新生儿焦虑，这个答案让考官们捧腹大笑。弗洛伊德补充说，准助产士的直觉无疑是正确的。[1]我们也可以认为这个学生面对评审时，她自身正在体会着胃肠焦虑。弗洛伊德的说法不在于将一件已知的事情与另一件已知的事情对立起来。他并没有像其他人，比如他的学生奥托·兰克那样补充说，新生儿的啼哭也是在证实这一焦虑，啼哭是焦虑的表现。他只是遗憾医生们没有倾听准助产士的直觉，而是用他们确信的笑声否定助产士。

对于一个精神分析家来说，要做的不是用一件已知的事情来代替另一个，用心理学代替生理学。恰恰相反，与已知事情保持距离，让精神分析家可以为直觉留出空间，不带偏见地让直觉从“人们的呼声”或自己的知识中走出来。如果直觉没有给出密钥，那直觉也会指示出，在这里，有你需要倾听的话语。

1 参见弗洛伊德：《精神分析引论》，《弗洛伊德全集/精神分析·25》，第412页；奥托·兰克：《出生创伤》（*Le Traumatisme de la naissance*），巴黎，帕约（Payot）出版社，2002年。

第二章

咨询地点

精神分析治疗纯粹是个体化治疗，每一次分析治疗都是唯一的。没有人能在治疗前就决定精神分析治疗的时长，也不能预见精神分析治疗的内容。精神分析的关键在于无意识。最初几次会面的目的在于：决定与已定的精神分析家进行一项精神分析工作是否可能。没有谁能对此种可能性做出任何保证。有些相遇是可能的，另一些则无法进行。

心理治疗师和精神分析家

法国精神分析的状况非常值得注意。法国精神分析的理论和实践水平都得到了业界承认，世界闻名，可作为同行的参考。但同时，精神分析在法兰西共和国的眼中是一种法律上的奇怪存在。精神分析活动逃开了严格的法令。不过，并不是所有心理治疗都经受着相同的待遇。近期，一项经过多年争论的法律规定让心理治疗师头衔的使用得到保护。想要自称为“心理治疗师”，必须先达到一系列规定的标准；但对于“精神分析家”则不存在这样的要求——无论什么人都可以自称为精神分析家。不过，矛盾的是，只要在一个精神分析协会中注册了的专科医生、心理学家和精神分析家，都有权利直接称自己为心理治疗师……当然，法律没有定义什么才算精神分析协会。

这些规定得到了几乎所有精神分析协会的支持，因为其将精神分析与心理治疗活动区分开来。这一区分意义非凡，它建立在由雅克·拉康重新阐述的两种弗洛伊德观点之上。一方面，精神分析家由自己和一些知晓他的历程的人授权就可以成为精神分析家。另一方面，治愈只是精神分析的附加效果。不过，这并不意味着让病人好转不在精神分析实践的目标之内，特别是当分析来访者是从来没有上过学、不曾接受过学习要求的孩子。也就是说，在精神分析中，心理治疗的范畴实质上是次要的。在精神分析的逻辑中，精神分析是一种分析来访者与自己无意识之间新关系的效应。比如，安德罗玛克的爸爸解除了因他的妹妹造成的压抑，这使得有些对他女儿不能说的东西消失了。于是，安德罗玛克不需要再通过症状来表达这一不能说的东西。相反，关注“治愈恐惧”本身可能会起到相反的效果，让这一不能说的部分固化。因此，精神分析家不希望任何规则来抽象地定义他们的训练和实践。他们知道，来访者希望的治疗性要求会给精神分析带来障碍。他们保护着治疗中这一未被驯化的净土，从而能在这一方空间里聆听无意识。只有他们协会的一些培训准则是中肯的，这些准则建立在相互信任之上，这种信任的程度甚至可以媲美宝宝和妈妈之间缔结的那种信任感。这些准则由一些规定支撑，规定避免这种信任沦为被强加的义务，避免忽略其背后真正的目的。

精神分析家的培训必须经过三个点。精神分析家自身进行精神分析是基础，这被称作事后教学。因为，没人能够预言精神分析最后会产生什么。有些人一开始为了成为分析家做精神分析，最后却成了画家、水手或者无国界医生。有些人只是为了调节一些不自在，最后发现自己内心深处所蕴藏的成为精神分析家的使命。控制性分析或者督导实践是第二个基本点。刚开始从事精神分析实践的精神分析家，在一个资深的精神分析家那里进行这种分析实践。显然，重点在于倾听，在于辨别弗洛伊德所说的移情和反移情，在于确认精神分析中每个人的位置。会面中在场的两个主体，一个是分析来访者——移情是他必然的遭遇；一个是分析家——对他来说，他要设法应对自己的移情。所涉其中的这两个角色不应该混淆，弗洛伊德强调过这一点。第三点，通过与其他同行进行临床和理论交流，精神分析家让自己构建的东西得到检验。精神分析的实践是孤独的。为了不要过度迷失在书面理论的挖掘中，让第三者参与精神分析的思考是有用的。精神分析家之间总是有说不完的话。即使不同团队的形态不同，分析家培训的框架还是有相似之处。

有一些临床实践者拒绝参与到任何一个精神分析团队的工作中。他们很多都悄悄放弃了分析的实践，仅仅保留着精神分析家的名片。拒绝让他们自认为的新发现经受检验，他们私下完全叛离了弗洛伊德的精神分析。我们在那里能发现相同的成分。他们都希望治疗效率更高，想要避开治疗的冗长和困难，想要让无意识拐弯抹角。兰克提到了再出生（rebirth）的某些实践和他的出生创伤，某些建立在对话之上的相遇，让我们想到阿尔弗雷德·阿德勒鼓吹的那些东西[1]。这个弗洛伊德的第一个学生将自己的方法建立在一种道德概念及其力量的关系之上，与道德力量的关系可以通过善意优先的讨论得到改善。我们也可以试着打太极，借口说精神分析没有考虑到身体因素，就好像一个主体只能以思想移动。问题并不来自心理治疗的技术，而在于明明是心理治疗却打着精神分析的名号。通过必要的调整，儿童精神分析实践改善了这样的偏差，虽然有时是在精神分析家的未知中。于是，保护、帮助的欲望优先于分析的治疗功能。

一个好学生

十七岁的高中生巴斯亚诺预约了一次会面。在第一次会谈时，

---

1 参见奥托·兰克：《出生创伤》；阿尔弗雷德·阿德勒（Alfred Adler）：《困难的孩子》（*L' Enfant difficile*），巴黎，帕约出版社，1968 年。

他就告诉我，他来见我是为了能够走出又一次侵袭他的忧愁。他一个人在奶奶家住，他的故事非常悲惨。十四岁时，一次意外车祸之后，他的父母死了，他的妹妹四肢瘫痪。出事的那一天，他征得父母同意，没有和家人一起去他们乡下的房子，而是去同学家住。事故以后，他由舅舅和舅妈抚养，他的妹妹住在抚养院。但是，几个月前，他舅妈突然病了，这再一次打乱了他的生活。他离开这个家，一个人去奶奶那里住。奶奶是挺年轻的寡妇，他和奶奶关系很好。奶奶家附近有一所非常有名的中学，巴斯亚诺是一个好学生，他并不讨厌这次搬家。另外，从十三岁起，也就是车祸前一年，他就去见过一位精神分析家。他父母因为他的腼腆，特别是他面对女生时的害羞坚持要他去。那位精神分析家同时也为他父亲做精神分析，孩子觉得他父亲去见这位精神分析家是因为他有酗酒的状况。听到这话时我扬了一下眉毛，于是巴斯亚诺察觉到了我的惊讶。他向我保证，那是个很好的精神分析家。他的舅妈也是这个精神分析家的访客，不过他不知道舅妈为什么要去见他。

巴斯亚诺来见我，是因为他离开了父母的城市，离开了舅舅和舅妈的城市，他没办法再去见之前的精神分析家了。他们在停止会面上达成一致，也决定之后巴斯亚诺回去看家人的时候再见面。住在奶奶家后，他问了新分析家的地址。他希望这种让他掉眼泪的忧愁能消失。关于前一个精神分析家，他对他的看法很矛盾。他既依恋那个男人，又不相信他。我在他急于称赞上一位精神分析家的话中听到了一种否认。巴斯亚诺强调他对精神分析的兴趣，他研读了这方面的书，这是那位精神分析家给他提的建议。那年他上高三，学的是哲学。我建议他和我分享之前精神分析会面展开的方式，因为我不太确定他来我这里之后还会不会找到与之前一样的框架。实际上，之前那些会面似乎和精神分析相差甚远，即使名字一样，都叫“精神分析”，都运用一些相同的概念。巴斯亚诺借助一些建议摆脱了自己的腼腆，同时也受到了一些关于阉割和俄狄浦斯情结的恐惧的思考刺激。查第格（Zadig）——巴斯亚诺在和我说到他的这位精神分析家时，用了他的名字。他面对这位分析家时也是这样以名字称呼他的。查第格的位置像一个表现得很好的家长。这个年轻人的爱情经历，也一步一步地展开。他把这些也告诉了爸爸。但是父母的去世导致了不同的情况。查第格坦率地毛遂自荐，让巴斯亚诺将自己视作父母的替代。"你应该相信我。"他信誓旦旦地对巴斯亚诺说。"查第格好的地方在于，"巴斯亚诺对我说，"他懂我所有的感觉。我不需要寻找。当我说不出来的时候，他可以帮我找到我要说的话，并且说给我听。"年轻人又补充道："我感觉和您在一起不是这样的。"

当然不是！我没有对巴斯亚诺隐瞒，我告诉他，如果他要在我这里进行精神分析，一切都会不同。说太多没什么用，他已经意识到了，而他必须要认可这一点。他同意了。先是有三四次预备性会面，这时要搞明白他的故事和他第一次的精神分析经历。之后，我仅仅是要求他告诉我来到他脑海里的东西，不要进行挑选。通常，对青少年，我不会进行规律性会面，而是在每一次会面时再决定下一次会面的时间。对于巴斯亚诺来说，为了帮他离开死胡同，我觉得进行带有整套限制规则的治疗很重要，主要目的在于让他摆脱将他困在之前模式中的东西。治疗持续了两年。首先，精神分析似乎在巴斯亚诺的知识分子家庭中占据了不容忽视的地位。在和查第格见面之前（在这个年轻人的话语里，他被称为Y先生），巴斯亚诺的爸爸在查第格那里进行过精神分析，他的舅舅同样如此。在自己丈夫的建议下，巴斯亚诺的舅妈在得知自己病重时和查第格进行了会面。也就是在这个时候，年轻人决定离开父母离世时接纳他的舅舅家。让他逃离这个家庭的，与其说是舅妈的病，不如说是查第格在这个家庭中占据的地位。所有这些，巴斯亚诺都在与我的会面中，由他自己逐步发现；同时，他也感觉到之前的治疗是禁止他对父母进行哀悼。他的悲伤，他的忧愁，从那时起他就体会着这一哀悼。没有人能毫发无伤地失去自己的父母，没有人在成为孤儿时没有一丁点儿伤心。哀悼没有被分隔出来妥善对待。就算有一个人，特别是治疗师，被视作父亲或母亲的替代者。虽然他必须承担起这一角色，但他也不能就只是这样代替了父亲或母亲。这是巴斯亚诺感觉到但没法明确表达出来的东西。查第格在接待了他舅妈之后，和她重新组成了巴斯亚诺父母的角色，巴斯亚诺正是在这个时候离开那个家的。

一个人道主义者

在巴斯亚诺那些最初的伪精神分析会谈中，为了不说出那些病原性困难，巴斯亚诺人为地制造了一些假象，通过这些假象，他能够重新认识和解决导致他面对女孩时腼腆的问题：病原性的困难——对妹妹有着孩子式的憎恨——被越过了。妹妹，这个家里的老幺到目前为止都很少被提及。妹妹因为车祸而瘫痪，而巴斯亚诺逃过了这场车祸，这使得憎恨更加是个禁忌。她没有像他一样被允许留在家里。这个年轻人治疗的最后阶段与弗洛伊德式的公认原则相符合，即他的情绪从神经症的悲伤转变为对人类不幸的感受，这种不幸感让他试着避开了查第格·Y先生，Y先生是一位人道主义精神分析家，因为这个人也是这么界定自己的实践活动的。他总是将自己视作精神分析家，采用弗洛伊德的方法让自己的工作人性化。他指责精神分析家机械地使用一种方法，没有心也没有爱。但是巴斯亚诺的治疗明确了这一点，即像这样的方法不适合精神分析。这样的方法鼓舞了实践临床者通过依附于病人来衡量自己的价值，将病人关在不能解决的移情中。[1]“爱情，就是将自己没有的东西给不想要它的人。”拉康这样说，特别在关

---

1 雅克·拉康：《精神分析的关键问题》（*Les Problèmes cruciaux de la psychanalyse*），1965年3月17日研讨会，未发表。

于移情的方面，这恰好就是查第格·Y先生相对于巴斯亚诺所处的位置。巴斯亚诺没法说“我不是您认为的那样”，他只能逃走。而且，还是在病人可以逃走的情况下，巴斯亚诺成功地逃开了。否则，就要面对和临床工作者及他的实践之间，或各种各样的临床工作者及他们的实践之间无止境的联系。对于分析来访者而言，精神分析的开始是为了结束。对精神分析家来说，是精神分析家的协会让精神分析家和精神分析之间的联系持续，而不是靠病人来保证这种必要联系的持续。

公共精神分析

如今在法国，没有明确的儿童精神分析培训。也没有儿童精神分析这一专业，像我们称呼儿科和儿童精神病学那样。很多精神分析家不接收儿童病人，也有的接收了很多儿童，但是没有人只接收儿童病人。为了保证弗洛伊德框架的活跃和经验积累，面对成人的精神分析实践必不可少。不过，有些场所在儿童精神分析培训中占有重要的地位。弗朗索瓦兹·多尔多在巴黎特鲁索（Trousseau）医院的咨询就是个例子。她让几位正在培训中的精神分析家进入她的办公室。他们不仅仅是旁观者。她向家长和孩子们宣布和解释他们的在场，她也让这些精神分析家参与进来。这一个小群体的行为，有时候就像古代的唱诗班。这让人想起多尔多已经建立的规则：会面当中，要在孩子进来前先接待孩子的父母，而不是之后；孩子在每一次会面时都要带来象征性的付费，比如小石头、画、小胶泥作品等。这一在场也让保持开放式倾听的精神分析家们可以一起探讨自己的干预和理论坐标，特别是关于身体意象的部分，这些精神分析家们刚刚和她共同度过了接待来访者的会面时间。很少有精神分析家敢于以这种方式展示出自己的实践。大部分分析家的展示并没有超出传统医学模式的案例呈现。值得注意的是，这仅限于公共领域。三分之一的分析家和分析来访者之间的联系发生在医院、诊所和学校。学习精神分析的学生在会诊场所的出现并非是对精神分析设置的破坏，而是对这一地点特色的凸显。“公共”一词在这里有了全部的意义。

法国儿童精神分析的传播实质上以公共机构为中介。从让娜·奥布里（Jenny Aubry）完成的先锋工作开始就是如此。在第二次世界大战之后，她将精神分析引入了罗桑家人（Parent-de-Rosan）基金会，接着又引入了病童（Enfants-Malades）医院。如今，儿童照料机构数量多，种类多。这些机构大部分出现在 20 世纪下半叶。这些机构有的是完全公共的，通常都挂靠一个医学机构，也有私人的。所以，这些机构通常都由一个没有营利目标的协会管理，从属于卫生和社会事务部、国家教育部、司法部或其他代表共和国的机构。这里的重点不在于构建一份详尽的可以接待儿童的地点名单，不过我们应该注意，这些针对儿童的机构有着严格的区分。一旦孩子表现出一些受到困扰的迹象，可能同时会有很多个机构有责任对孩子进行接待，有时机构之间的观点也可能不同。这些机构中的每一个都可能会有一名精神分析家在场。

不过，精神分析家只有凭借他们在大学里获得的文凭才能在这些机构中工作。这是对精神分析规章缺陷的一种补充，精神分析家协会应该为此庆幸，因为协会没有文凭。但是，要在这些机构框架下进行工作，就需要服从规则的约束，以显得值得信任。这些机构的运转受社会安全部、卫生部、司法部、国家教育部的监管和资金支持。精神分析家并没有出现在相关文件规定中，大部分时候他们聘请的都是心理学家或是精神病医生。

最为众人所知的咨询场所是那些门诊机构、医学心理中心（C.M.P）和医学心理教育中心（C.M.P.P）。这些门诊机构和医学心理中心从属于公共服务部门，是覆盖整个法国领土的幼儿精神病领域的咨询办公室。每个机构都有一块属于自己的地方，通常挂靠于一个医学服务机构。该机构由一个精神病医生或医生领导。

因主任医生的想法不同，处理儿童困扰的方式也各种各样。在很多情况下，精神分析家在这些机构中能够完全地从事自己的工作，而在其他地方，精神分析工作则完全是不可能实现的。

和 C.M.P 不同，C.M.P.P 是私人机构，由非营利性组织、市政、提供房屋补助的机构等负责。这些机构运转的独立性非常大，只有一种较为严格的记录受到监督。精神病医生在和来访者第一次会面之后通常会给出一份心理学诊断报告，建议来访者和社工碰面，或和不同的再教育者碰面。所有检查完成之后，精神病医生可能会要求对病人进行心理治疗或再教育。进一步的指示通常在一次“综合会诊”的过程中提出，“综合会诊”是机构内的讨论，每周一次，聚集中心所有的临床人员。会诊时，每个接待过这个孩子的参与者都以自己的方式展示孩子的情况，然后如同拍卖一样，根据医生的活动实践，对孩子病例的想法，以及医生有没有空档，将孩子托付给这个或那个临床工作者。大部分时候，不同学派的精神分析家在这些中心里一起工作。这在精神分析的现代史中并非不重要。很难强烈谴责一个同事，当他和我们分享他的工作经验时，我们欣赏其临床工作，即使他的临床并不建立在与我们相同的理论概念之上。不过我们明白，在咨询中主要的困难是儿童精神分析可以起作用的可能性，这种精神分析并不局限于心理治疗性的再教育。很多必要的框架被安置得很糟糕。因此，每一次都必须找到避免让工作搁浅的方法。

机构里的实践

Z 女士是一个年轻的分析家，她来见我是想进行一个控制性分析。她在两个接待儿童的机构中工作。其中一个是日间医院，这家医院因为专门接待有精神疾病的儿童而出名。有人要求她组建一个谈话小组。这点对于这家医院的团队来说似乎很重要，他们觉得来到这里的孩子没有接受一种家庭内的心理治疗。孩子们已经去过精神分析家的私人办公室，或是在同意的情况下去过邻近的心理咨询室。在这所日间医院中并非一切顺利，但是在机构内部动力的构架下，冲突得到表达，经验得到提出。正是这样，谈话小组才得以开始，且谈话小组并没有替代孩子可能要进行的个体心理治疗。

Z 女士同时工作的第二所机构似乎很有前途。这家新的咨询机构，表现出非常明显的雄心。领导诊所的精神病医生希望在机构工作的所有人——包括常驻班底——都参与到所有个案当中。不过，这些医生意识到自己是治疗的唯一责任人，所以他们要进行督导。他们的团队很重要，由超过十二个人组成。

在这家咨询机构，从接触的第一个孩子开始，Z 女士就遇到了困难。克莱昂特是一个七岁的小男孩，他来这里是因为他在学校里无法专心。另外，他还有一个症状，被认为是强迫性行为障碍（TOC）的征兆：也说不上是抽搐，就是孩子会不自觉地朝空中翻眼睛。因为有心理学文凭，所以 Z 女士可以参与其中，借助智力和人格测试，她要为这个孩子写一份全面的心理诊断报告。一位正音科医生，还有一位运动心理训练师，都接待过克莱昂特，而只有精神科医生与孩子接触时由父母陪同。一般性会诊中，克莱昂特的例子被讨论了很久。参与者之一了解到这个孩子非常热爱高大的建筑——摩天大楼、埃菲尔铁塔、灯塔，并将这些与他抬眼的习惯联系起来。他补充道："他对高耸的建筑感兴趣不奇怪，因为他的妈妈非常强势[1]！"大家讨论着应该由谁来负责这个孩子，不同的观点交错来往。最终，虽然 Z 女士只给克莱昂特做了一个心理诊断报告，也就是说价值上的判断，大家还是决定由她来对孩子进行心理治疗，而且要求她不能只见孩子，还要见他的精神科医生。这位医生已与孩子父母建立了联系，每两个月会给克莱昂特做一次诊断

1 这里的"强势"直译是阳具般（phallique）的矗立。译者注。

报告，从而判断他的变化，因为团队不确定这些变化是不是好迹象。很快，孩子的父母就抱怨治疗没有结果，抽搐症状加剧了。于是，几周之后，医生决定将克莱昂特转诊给运动心理训练者，同时也没有停止心理治疗。在这之后，克莱昂特只是断断续续地和Z女士有一些会谈。Z女士知道在这种条件下工作很难，但她还是始终保持和克莱昂特的联系，对待他像对待其他孩子一样，希望以此捍卫精神分析的原则。

于是，Z女士自己也进入了分析。她谈到她同时在两个机构工作的事实，一个是日间医院，在那里她的位置得到认可，而在另一个咨询机构，她的工作几乎不可能进行。在谈到这些的时候，她发现对她来说，这个事实重复了她童年的处境：一边是慈爱的父亲，一边是拒绝她的祖母。这一发现让她决定马上辞去咨询机构的工作。这样，第一次的分析工作只澄清了她在这家机构的位置以及这家咨询机构对精神分析工作的蔑视，这也帮助Z女士在她的过去和工作状况之间建立联系，从而理解了在其中起作用的移情。一段时间之后，她在另一个中心又找到一份工作。这一次，分析实践所必需的条件都得到了保证。

在一些地方，针对儿童的精神分析式心理治疗无论如何也无法实现，因为那些地方连最基本的分析框架都无法保证。机密性的要求被嗤之以鼻，与其说是因为会谈的多重性，不如说是因为所有案例都要进行会议讨论。孩子及其家庭的历史被曝光在一个团队面前，而团队里大部分参与者其实完全不需要知道这些，因为他们永远也不会和这个小孩有关系。他们反倒更可能是在一次生日的茶点会上或者是在放学的时候碰到这个小孩。分担治疗决定的借口，也可能让每个人都表达他们的见解。我们不是在传统医学领域中，传统医学对X光片或轮廓图的分析会引起有诊断性价值的讨论。而在这些讨论集会中，解释更多的是一种残忍，比如关于克莱昂特抽搐的解释就是一场暴力。不要忘了，这些会议对机构来说，只是后者用来巩固团结性、增强运转效率的手段。

必要空间

“我也可以谈谈精神分析与机构的拉康式关系。我认为，一个拉康派的精神分析家是弗洛伊德派的，其意义是指：他长期以来对弗洛伊德式的位置保持忠诚，不在大多数人中寻找权力。（……）弗洛伊德（……）知道，就像拉康一直知道的一样：不管怎样，在某些情况下，大多数人总是错误的。大多数人总是在同一边，在共同点和压抑的那一边。因此，大多数人的意见和普遍而言正确的观点一样：完全无效。”[1] 精神分析家弗拉基米尔·格拉诺夫关于精神分析机构的话语在有精神分析起作用的地方就可以听到。这里，精神分析起作用指的是某种与无意识的关系以及压抑的消除。这些咨询机构就是例子之一。

不过，需要注意避免混淆，精神分析活动不能够被定义为民主活动。在精神分析办公室门口，可以写下这样的铭文：“在这里，人权、知识权利和民主禁止入内。”民主只在精神分析办公室外有效，只有理解了这点，精神分析才可能实现。精神分析家和精神分析来访者应知道且接受：在会面时，他们是在另一个舞台上。否则精神分析就不具有意义。有些精神分析的先驱者，他们无法在集权政体下进行精神分析实践，如纳粹德国、东欧和斯大林时期的苏联以及最近的南美，他们都是精神分析家。当然，在精神分析家的个人办公室，或在从事精神分析的机构框架中，作为精神分析实践的前提而要被放弃的部分，不应该和让这种实践本身难以实现的政治环境相混淆。思想的自由，保守秘密的自由，拥有观点的自由，表达观点而不用冒着生命危险的自由，对精神分析来说都是必不可少的。

1　弗拉基米尔·格拉诺夫（Wladimir Granoff）：《拉康、费伦齐和弗洛伊德》（*Lacan, Ferenczi et Freud*），巴黎，伽利玛出版社，2001 年，第 68—69 页。

因此，语境有所不同。Z 女士工作的咨询机构表面上的民主，对全部参与者询问意见，就不能保证精神分析活动的实现。团队对这一活动的监视，与父母以及孩子构建关系的缺失，总是以治疗质量为名义的粗鲁干预，最终让 Z 女士决定离开这个地方。

为了给精神分析建立必要空间，应该给予精神分析一定保障。这些保障通过控制实现，只有分析家本人决定方向和治疗环境。因此，在公共咨询中心里，精神分析的问题与其说是工作指向的问题，不如说是对这样一种精神分析活动来说框架可不可以支配的问题。并不是所有孩子呈现出的困难都属于分析式的心理治疗。一些问题应该可以交给较有经验的接诊工作者并很快地获得解决。问题在于症状的形式，这一症状可能属于正音法的范畴，属于运动心理的范畴，属于心理咨询的范畴，根据不同医生的专业可能有着不同形态。这个问题也在于提出请求的时刻，在于孩子和他的父母准备要参与怎样的过程，要面对怎样的揭露。不过，为了使精神分析工作成为可能，需要让精神分析的框架得到坚持。这至少需要保证在治疗期间不受外界干涉，需要会面的保密性得到保证。有些条条框框带来了限制：草拟诊断从而明确进一步负责的医生、随时查阅资料的可能、医疗控制，这些规定都与精神分析这一活动相违背。对于精神分析家来说，关键在于在他本人和所服务的机构之间建立一种足够强大的信任感，从而使得治疗空间变得足够中立，受到足够的保护。也就是说，让精神分析家在治疗过程中能够呈现出一个足够好的母亲的形象，为孩子支撑一个空间现实，而不让这个孩子成为这一空间的客体。

因为咨询的地点，主要是精神分析家的办公室，在精神分析的时间里，针对孩子和针对成人一样，这里都是两个主体之间的单独会谈空间。所有阻碍这一过程或者侵入其中的行为，都是对精神分析的阻挠，无论是精神分析家这一边，还是分析来访者这一边。有些孩子，在公共机构进行看似免费的咨询，实际上却付出了更昂贵的代价。

秘密屋

很久以前，我在一家儿童精神病机构的咨询中心工作。门诊室位于一栋漂亮的布尔乔亚式的房子里，非常有私密性。每个城市都有医学—心理—教育中心（CMPP），其中许多颇为著名、享有盛誉，它们真正地接待了许多人，那些人要求进行精神分析。学校、医院以及各种别的机构都更愿意和医学—心理—教育中心对接，因为那里有很多精神分析家在工作。我当时是个年轻的分析家，当这些中心的一所邀请我加入他们的团队时，我感到很荣幸。随着岁月流逝，我意识到，无论我在医学—心理—教育中心接待的人的质量和价值如何，我对我在那里进行的治疗只有一点点的记忆，反倒是记得有很多行政约束，并且人人都在抱怨这些约束。不过，这些机构的门诊没有因此消沉。在这里，精神分析实践无须太费力就能找到自己的位置。精神机构里的团队非常精简，只有四五个人，有些相互已经认识了，一种信任得以建立。几乎没有强制性的限制，每个人都有相对的自由去按自己的想法来组织工作。

有一天早上，我在半月一次的会议上迟到了一会儿。在这个会议上谈到了又有一些新的来访者提出了请求。我到了之后，有人告诉我，一个负责解决酗酒问题的社工提出的请求通过了。她希望有人能接收一个叫达米斯的孩子，他的父亲几年前因为酗酒过世，这个十岁的孩子在学校什么都不做，非常消极与沉默。第一次会面，社工亲自陪孩子来，因为她说孩子的家人没有空。这就是我们知道的全部情况。表面上看来，让我在这样的情况下接收达米斯还真是挺让人摸不着头脑的。

开始工作！

会面时间到了。社工陪着达米斯到门诊室，将他交给接待秘书，给他解释了怎么回家之后，就把他留在了等待室。他住得不远，我和他见面时，他是独自一人。他坐在办公室里，我和他解释我所知道的情况和了解到的他之所以会来见我的动机，以及他是通过什么途径来到这里的。我向他表达了咨询的框架。他非常符合人们对他的描述，一直不说话。他没有表现出任何反抗，更多是带着一种笑意，但却沉默着无动于衷。因为他一直不回答我的要求，在一段时间的沉默之后，我想到了用橡皮泥来表现这样的场景。因此，我捏了一个桌子和两个人，两个人坐在桌子两边的两把椅子上。我问他这让他想到什么。他看看我，然后冰冷而无笑意地说：

“有个人在寻求工作（chercher du travail）！”

然后，他似乎怕蠢人不明白他的意思那样，捏出了我背后的壁橱，补全了场景，然后，指着代表我的人物，补充道：

“是这个人在寻求工作！”[1]

爆发出的拯救性笑声开启了这场治疗，因为这正是和达米斯进行的分析。

所有的元素都具备了，但是什么都没有发生。一个被社工带来的孩子，其家人任凭社工带他去治疗；一个故事，除了一个重要但不可挽回的元素，我们什么都不知道，这个元素就是酗酒的父亲去世了；孩子本人表现出的漠不关心让他显得消极被动。我们两个人进行的那次咨询，也只能以这样的方式进行，虽然表面上不合常理。我们能看到，一种通过调查、问题和测试的完全技术性的方法是怎样完全使一个孩子自我关闭。孩子足够精明，如果不能保持沉默，就在一成不变的答案里躲藏。所有这些程式化的答案都出现过。应该是社工告诉了他这些信息，但是她应该尽可能少说点。达米斯经常听到他醉酒的爸爸大吼，看到他的暴力行为，这让孩子目瞪口呆。从某个层面上来说，这就是他照搬到学校的

1 chercher du travail，在这里是一个双关语，它有两个意思，一个是找工作，别一个是想办法开始工作。译者注。

东西。在学校里，他把自己关在沉默里，尽量不被别人注意。“知道他经历过什么，这些就不奇怪了。”我们可以这样说。最初的见面和达米斯的双关语引发的笑声得以让这样的思考进一步发展，同样得以让文本失去地位。即使我还没有听到这样的文本，我也知道这种文本是在解释孩子的行为。他经历了悲剧，经历了酗酒父亲不可描述的可能暴力，之后是父亲的死。那么就应该把一切都归咎于此吗？

我做橡皮泥的直觉目的在于质疑达米斯来见我的愿望，让他离开被动的接受。一开始，年轻人走得过远。他提出了揭穿我欲望的问题，分析家企图分析的欲望。倾听他心里想的带有一些攻击性的答案，就是在重视无意识的部分。这样，在同样的活动中，达米斯给无意识打开了一个可能的空间，并将我放在分析家的位置上。他创立了一个会面的地点，地点中有我提供给他的框架元素。我们很明白，只有他的回答以双关语的方式被听到时，分析才可能实现。听到他说“有个人在（想办法）寻求工作”时，我可以回答他，赞同他，并强调工作的形式，给他解释心理治疗的支持者和领导者。那么这就是强调分析家的角色、强调分析家的自我、强调正在工作的那一个。也可以拒绝这一回答，告诉达米斯他弄错了，应该是他要去工作，从而解决自己的困难。这样，就是在强调分析来访者的自我。在这两种情况中，我们从人际关系出发，而人际关系可能作用于我们之间，从你到我。他的笑声里还意味着别的东西，而我们俩都错过了。

另一个角度

我接受从另一个角度来听他，这个角度是他预料到的——他在学校的失败和他父亲的失败之间的联系。因此，他立刻就进入了治疗。他偏好的材料既不是橡皮泥——可能橡皮泥具有太强烈的我的色彩，也不是语言，因为他更爱沉默。他喜欢的是绘画，一张纸，一支黑色铅笔，让他得以表达淹没他的事情。拴在岸边的船只，被包围的城堡，被军队的愤怒和噪声围起来的房子，这些图画既表现了他的害怕（他感觉自己是被攻击的那一方），又表达了让他不安的力量。达米斯在恐惧中生活。因为酒精带来的快乐引起的恐惧，现在被反酗酒言论带来的恐惧所代替。实际上，他的妈妈又和一个前酗酒者结婚了，这位前酗酒者成了一个前酗酒者战斗会的首领，因为他的严厉而享有名声。这个男人自诩是有节制的酗酒者，深陷在对酒的节制当中，可能还伴随着戒酒带来的所有错乱。酒精作为一件重要的事情，从达米斯的人生中消失了，虽然在他家庭的话语中更为频繁地出现。如果说，他只要不喝酒就能轻易地躲开酒精这件事，想要躲开反酗酒，他则要装聋作哑。这困难得多，且效果甚微。一件事物，让他动弹不得，但他可以将之置于身外；对这个事物的享乐（jouissance）被一种话语的享乐代替，尽管他感受不到，但是可以穿越它，穿越这个他无法逃开且使他僵化的超我。正是弄清楚这些事情让达米斯自己得以从这种他不懂的恐惧中走出来，离开他的沉默，重新找回对说话的兴趣，在学校与他人交流。他自行完成了这一切。我只和他的母亲见过一面，那是在第二次会面之前，为了让她允许达米斯进行心理治疗。

悬停期待

在儿童精神分析活动中，起作用的理论，无论是否得到同意，一开始都是要进行解释的。实际上在精神分析中，除非分析家立刻就被引导做出决定——这个决定能让他进行工作并指出从精神分析的概念角度上来说他所处的位置——如果不能立刻做出这样的决定，那么沉默的好意中立的面具就要取下来。这可能决定着分析家最初接收的是一个还是多个主体，可能是孩子本人、孩子的父母、孩子父母中的一位或对孩子人生负责的其他人。他们可能分别来或一起来，以特定的顺序或者随意的顺序来。每个决定都和分析家有所牵涉。这些决定定义了分析家认为的与症状有关的源头可能是什么，困扰孩子的温床可能由什么构成。这种症状可以被理解为与家庭话语有密切关联，或者被理解为与孩子在其生活中所占据的位置有密切关联。它可能被理解为唯一的反应，只属于孩子，属于孩子一个人，或者是处在一个延绵了很多代人的故事中。在系统性的定位中，只根据唯一元素辨识自己在要求中的位置有很大风险。在倾听过孩子父母之后，我们可以设想孩子的困难可能来源于与其奶奶或是舅舅有关的冲突之中。如果我们接待这个或那个机构中对孩子负责的人，重点在于理解症状是否是对共同生活的反应，是否是这一生活扰乱了常规现象。或者，如果只满足于和孩子谈话，我们可以把他故事的某些事件和他不幸的起源联系起来。做出这样定向的尝试，总是出现在儿童治疗的展开当中，分析家总是会见或没见一些来访者的家庭成员。还有些情况，特别是在机构的构架下，分析家接受的一些知识、甚或他将之作为认识的元素所探寻的东西，是处在医学、社会、司法等领域的。对一些事情，他可能被容许或不被容许了解，而孩子被视为不知情的。

当然，当精神分析家在一个机构中工作，他并不总是这些所有元素的控制者。达米斯的治疗可能会到达终点，如果在那个咨询场所，我能以自己希望的方式来决定。这是达米斯自己明白的东西，是从我对他的双关语的理解当中明白的。另外，这个孩子无疑也不能去别的地方进行精神分析。门诊的框架符合他的状况，主要因为这里的咨询是免费的，对家人也没有任何要求。有的父母拒绝付钱，那时就会免费，而免费在抵抗中起着作用。不过这里情况不同。

不过，如果治疗显而易见的必要框架指的是“市井里”的精神分析家在工作室的框架，那么，精神分析活动实际上也并没能避开制度化的危害。在机构中工作的限制和对精神分析理论的服从在这里相融。无论是一个咨询中心的要求，还是精神分析治疗中规定分析家必须按一定规范去进行，所有要求的结果都是一样的。如果精神分析家读着梅兰妮·克莱茵的书成长，他在第一次会面时就会急着阐释；或者，当精神分析家听着拉康学派的理论成长，他就会假装温和地等待能指（signifiant）出现，这是对弗洛伊德教诲的遗忘。通过悬停的时间，弗洛伊德的教诲在于质疑每个精神分析家对知道的理解，对他们从病人那里听到东西的理解。时间不是等待，更多的是悬停等待，意思是精神分析家不对任何具体确定有所期待，相反，不期待可以让意外浮现。为了达到这一点，根本不需要定义谁应该出现在他的办公室里。精神分析家知道请求是孩子的请求，知道精神分析工作要和孩子一起完成。但是，因为这个孩子或大或小都一定还依赖于一些成人，这些成人可能会表达出决定孩子症状的一部分话语。因此，意外可能出现在和孩子会面之外的时候，在孩子的某个亲人口中出现。为了让意外得以出现，也不应做太多计划。每一次，我们都有引发阻抗的风险。也就是说，当我们对一切都感到满意，我们就有可能引发风险，以致凝结话语，阻碍某些片段的联结。与觉得自己理解了的快乐相呼应的是整理、分类，以及有时候转移症状的快乐。咨询的地点，首先是惊喜得以浮现的地点。这由精神分析家搭建。

第三章
提出请求的时刻

> 主人请求建筑师根据自己的喜好和需求搭建别墅，或是虔诚的捐赠人请求画家在画圣像时在角落里加上自己祈祷的画像，从根本上来说，这些请求的情形和精神分析面对的情况毫无可比之处。[1]

治愈后的失望

弗洛伊德的隐喻很形象。但他又补充道，接待孩子的精神分析家有时候面临的是与这一情形相悖的状况。有些家长要求我们照顾他们神经紧张、躁动不安的孩子，让他变乖，别再给父母带来麻烦。医生"当然可以成功地重塑孩子。但在治愈之后，孩子更坚定地走自己的道路，父母反倒比之前要更生气"[2]。有时一个丈夫也和孩子父母的想法类似，丈夫希望自己妻子去见精神分析家是因为希望她之后会变得更顺从、更善解人意。如果治疗有效，妻子不仅从她的神经症压抑中解放出来，同样也从丈夫身边解放出来，婚姻就粉身碎骨了。这个主题如今依然具有时效性。但是我们的时代和弗洛伊德的时代已然不同。如今的妻子不再让丈夫像对待小姑娘一样对待自己，当她希望接受精神分析时，她知道

1　弗洛伊德：《从一例女同性恋的心理成因说起》（*De la psychogenèse d'un cas d'homosexualité féminine*），《弗洛伊德全集 / 精神分析 · 15》，第 238 页。

2　同前，第 238—239 页。

如何自己找到分析家。我们几乎再也见不到带自己妻子来并要求她接受精神分析的男人了。但是孩子依然是父母带来的！

弗洛伊德总结道，一个人是自己决定来看精神分析家还是其他人带他来的，这点很重要。是这个人自己希望有所改变还是他周围的人希望他有所改变，这点同样重要。现在，面对这个问题的主要是接待儿童的精神分析家，而这一问题与提出分析请求的时间所涉及的观念紧密相关。

一次反抗

这是一个具有漫画意味的场景。几十年前，这个场景在我见达米斯的门诊旁的医学—心理—教育中心上演。我在中心的办公室位于走廊尽头。这天下午，我听到一个小姑娘正在楼梯间和电梯里声嘶力竭地大吼反抗。“不，我不要去！”她叫道。显然，她妈妈在推着她前进。我看着她走进我办公室。她大概十二岁，这个愤怒的孩子勉强进了办公室，双手则紧紧抓着门框，然后用坚定而强力的声音告诉我说：“我不想来看你。是我妈妈强迫我来，我不要来！”然后，她挣脱妈妈，跑向出口。她妈妈要我留住她，我拒绝了。她对我说：“那我们要怎么办？”然后跑出去追她女儿了。与谢美的这第一次见面动静很大，类似这样的情况我还没遇见过。

之后一周，我单独见了她妈妈。谢美不愿意来，而且明确表示了她的坚定态度。E 女士表达了她的不悦，她觉得我应该有更强的手腕，说服她女儿留下来。她的丈夫也这样想，甚至正是因为希望精神分析家能足够强硬到管住他们的女儿，他们才提出要一位男性分析家。接着她又和我说了些别的，或者说是给我列出了一张她女儿存在问题的清单。从十一岁起，也就是大概一年多以前，她开始变得蛮横无理，让人无法接受。她不再愿意乖乖地坐在餐桌上吃饭，乱穿衣服，并和父母顶嘴。她拒绝做她负责的那部分家务，而在此之前，她都和两个妹妹一起分摊家务。这些矛盾持续不断地发生，特别是和父亲之间的冲突。课堂上，她也表现得不好，不过除了拼写之外成绩还不错。E 先生和 E 女士带女儿去咨询过另一位精神分析家，但是他们没有继续，因为在那里的费用不能报销。“这不是钱的问题，而是原则问题。给一个生病的孩子看病，医生有补贴。于是我丈夫就不愿意付钱了，特别是他自己带孩子去的时候。”E 女士向我证实了这一点。因此，他们听从一个熟人的建议，来到这个中心。在这里，精神病医生接待了他们，之后，谢美就被送到我这里，然后就是一开始我说的那个场景。谢美已经预告过了：再也不会去见任何人。她会对父母大吼说有问题的人是他们，因为他们的原则太苛刻了，她要他们别再烦她了！

无论我如何假设在这个少女的内心出现了怎样的俄狄浦斯冲突，她与姐妹之间存在着怎样的无意识竞争，当父亲就像坚持拼写法则一样坚守他们的原则并不断地嘲讽她时，她又遭遇了怎样的困难，以及谢美的母亲采取了怎样的消极姿态，无论我如何假设这些，咨询在当时的情况下都是无法展开的。其实，他们需要的只是谢美努力适应神经质家庭的规矩。对我说到她女儿时，E 女士话语里的固执因为其表达的地点——一个照料孩子的中心——而显得更加不可动摇。拒绝和一个将父母纳入他们女儿治疗过程的医生继续会面，拒绝为这些会面付钱，都证实了这个小姑娘揭露出来的刻板。有些状况与精神分析治疗是无法并存的。他们向我提出的，是要我把谢美变成她父母喜爱的天使或圣人，根据他们的愿望和品位塑造她。精神分析家可以接受的对这个孩子进行精神分析的请求时刻还没到来。

在与精神分析家最初的会谈过程中，进行精神分析的请求逐步形成并被提出。他们明确了哪些部分将会有所改观，期待的目标，以及使精神分析得以实现的必要条件，对于这样的话，精神分析家不会上当。分析家知道条件和目标会不停地被提出。不过，这是精神分析艺术的伦理的一部分，精神分析家的位置必须与请求的提出相一致。以谢美的名义所提出的请求，在那个时候是不能被接受的，因为准确地说，这并不是小女孩自己提出的请求。请求应该标志着一个主体走进一场探险旅行。之所以说是探险旅行，是因为每个人都有可能拥有这一请求时刻的表达，每个人都有可能亲自体验这个请求的时刻。比如，从他们卷入其中的一些探险故事开始。

《奇异的旅行》

这里，我将借用儒勒·凡尔纳的《奇异的旅行》作为例子。儒勒·凡尔纳比弗洛伊德发现精神分析的时间还要早一点，从那时开始，一直到很久之后，书中的探险旅行都吸引着一大批数量可观的读者（小说完成并发表于1863到1905年间）。不再迷恋儒勒·凡尔纳作品的那一代人，是今天精神分析家接待的孩子的祖父母那一代，而今天来到精神分析室的这一代人出生在二战后。这些探险旅行中再没有什么新奇的了，所有或者说几乎所有旅行，都已经被人类实现了。但是，这些作品仍旧是我们不能绕开的参考。彼时及此刻，没有一次月球之旅、地下之旅、环球之旅没有参照凡尔纳的小说，这些故事的传播程度非常可观。在很长一段时间里，凡尔纳都是除了《圣经》及列宁著作之外，作品在全世界翻译量最大的作家之一！许许多多的探险者、科学家、研究者都以“奇异的旅行”来表达他们的使命。这些书的灵魂一定萦绕在科学院的工作台上。确实，凡尔纳作品的视觉画面一直备受关注。不过，与其说凡尔纳是科幻作家，不如说他是真实技术的推动者。他的知识与他的想象匹配，这使他得以将自己所处时代的发明推向极致，而又没有超出合理的边界。比如说，《从地球到月球》（1865）将登月者带入了一个胶囊里，并在卡纳维拉尔角发射。完美的预言！儒勒·凡尔纳有足够的科学知识，因此他知道应该从一个靠近赤道的地方出发，并且应该在西海岸。他那个时候也觉得只有美国人会投入这项征程！尽管他的铝制炮弹由一种美妙的榴弹炮射出，完全没有火箭的雏形，不过那个时代所有的技术都在他的书中得到了最新的推论。仅凭这一点，即使加上他的出版商赫策尔（Hetzel）的商业天赋，都还不够说明这些书籍取得的巨大成功。在 19 世纪这个科学主义盛行的时代，他并非唯一一个致力于推广未来主义的作家。我们对其他作家的印象已经不深了，他们更没有激起我们的使命感，没有起到教导的作用。而这样的事情，正是精神分析可以实现的。

请求的词语

《奇异的旅行》带来的影响一部分也因为关于旅行的美妙叙述背后隐藏的话语，而这个方面正是我们可以借用的。这部作品让我们看到一些无意识的表达——这里作者有意识的意图就不那么重要了，伟大的作品总是会超越其创造者本身。因此，我们可以通过阅读凡尔纳小说的前几章来理解请求的词语，这个过程也和故事本身一样精彩。

最初的会面包括了一定数量的信息。这些信息涉及主体的故事，主体感受到的困难，主体对精神分析的期待——这里没有秘密。如果有人把一个秘密托付给分析家，又要求他不能将这个秘密告诉他所接待的孩子，那精神分析就无法完成。这样，我们就又一次置身于一种和治愈症状无法并存的状况之中。这里没有秘密，但是有神秘，这种神秘就是困扰的原因和源头的神秘。如果神秘似乎得到解释，如果原因和源头被说明了，比如说大脑疾病和 21 号染色体是病因，那么，精神分析家只有在无视这一解释之后才能着手进行治疗，降低已知且唯一的病原学的确定性。需要做的是重新引入神秘。癫痫，针对其不同的典型形式，我们可以确定其大脑病灶所在的位置，或是确定它是因为 21 号染色体的基因畸形而导致的唐氏综合征，但这一癫痫患者还可能有神经症或精神病，那么这也就到了精神分析家工作的范围内。

其次，应该确定主角。显然这里指的是明确谁可以在治疗的过程中走进精神分析家的办公室，是孩子，孩子的亲生父母，还是他们的养父母。如果父母没有尽到这份责任，如果孩子是孤儿，有的时候也有对孩子负责任的其他人。他们的到来就像所有其他人的到来一样，如果对分析来说有意义，他们的到来就有意义。但是什么都不能在孩子不知情的情况下发生。面对成人的精神分析和面对儿童的精神分析之间有一种根本的差别，这种差别在于面对成人的精神分析中分析来访者提到的所有其他人都不在场。

然后，应该提出计划。面对儿童的治疗应该围绕他的症状，围绕他需要解决的不同困难而展开，而不是希望儿童能更好地了解自己的欲望，更不是希望儿童成为分析家。因此，针对儿童，分析式心理治疗和精神分析很容易融合在一起。当接待孩子的人是一位精神分析家时，就有精神分析，或者分析式的心理治疗。在其他情况中，这就是其他的事情。最后，请求表达要被导向结束。这意味着，在某个时候，人们会离开预备会谈，会走进探险旅程，会走向接下来的章节。面对一个成人精神分析来访者，我们习惯于用一个躺椅来表示我们进入了新的阶段。面对一个儿童，从最早的会面开始，我们就引入了某个故事，以及告诉他我们会面的频率和时长，这些表示着：自此，我们的会面进入新的阶段。

所有这些元素都可以用下面这段话来总结：重要的并不是揭露一个秘密，而是保持神秘；要定义主角，也要定义计划；请求需要有一个终结。这句话极为准确地与《奇异的旅行》的前几章契合。

当涉及临床问题时，精神分析作品的读者和交流相关主题的听众都认为：作者希望他们能很好地相信这些读者和听众，即保持机密性和匿名性。根据听众不同，这条线可能标准更高，或是不那么严格，但是一些特别显著的特征，即那些可能是精神分析中最具意义的特征，应该变形。临床病例的展示中有必要让这些部分无法求证。问题并不在于信任，因为必须要有信任，否则听和读有什么意义呢？如果两个分析家听到的不是同样的话语，这关系到精神分析是什么：两个人的故事无法在和另一个分析家工作时被复制。不过，分享精神分析的片段或者治疗具有合理性只是为了见证对个案的超越。有些时候，通过阅读人人都能读到的某个文本，我们可以进一步说明我们的想法。

探索中的孩子们

《格兰特船长的儿女》是《奇异的旅行》中的第五本书。1865年，这本书以连载的形式发表，1867年出版。这本写于《从地球到月球》和《海底两万里》之间的作品是凡尔纳最重要的作品之一，也可以被精神分析家们视作精神分析的先驱、无意识文本的载体。[1]这也是这一时期唯一的一本情节中包括了一些孩童愿望的作品。直到1878年，在《十五岁的船长》中，凡尔纳才又重新刻画了一个孩子的形象，那是一个完美的男孩，而那个时候他和自己儿子的关系跌到冰点。对年轻人来说，小说家并不是那种最好的父亲，而那些书中主角都是最完美的孩子。[2]

十六岁的女孩玛丽·格兰特，和她的十二岁的弟弟罗伯特·格兰特，他们的母亲在罗伯特出生时去世了，他们的父亲是常年出门在外的船长，而他在一次航行中失去了生命。从那以后，虽然玛丽能够战胜自己的泪水，罗伯特似乎一直处在困境之中。当他没有拿出勇气、试图代替父亲的位置时，他在姐姐的怀抱里大哭，叫她“妈妈”，父性话语在他身上有所缺失。很多的儿童精神分析家都肯定了这样一种研究。

1　参见帕特里克·阿夫纳拉等：《火中看——关于凡尔纳作品中的目光研究》（*Voir du feu- Contribution à l'étude du regard chez Jules Verne*），“凡尔纳系列”，第七期，巴黎，现代文学（Lettres Modernes）出版社，1994年；以及帕特里克·阿夫纳拉：《斐利亚·福克的躺椅》（*Un divan pour Phileas Fogg*），巴黎，奥比耶（Aubier）出版社，1987年。

2　参见帕特里克·阿夫纳拉等：《笨重的父亲们》（*Les Pères encombrants*），巴黎，法国大学出版社，2013年，第四章。

在一个晴朗的日子，他们乘坐快艇出游，格里那凡爵士和爵士夫人抓到了一条鲨鱼，鲨鱼的肚子里有一只玻璃瓶，里面装有一条信息。这条信息指出了格兰特船长遇难的情况和地点，由于海水的腐蚀，这条信息有些部分看不到了。出于对信息的信任，爵士和爵士夫人，他们的表兄和水手们，陪伴着玛丽·格兰特和罗伯特·格兰特，出发寻找这两个孩子的父亲。偶然间，他们和一位漫不经心的地理学家相遇。这次远征雄心勃勃但没有什么结果。当人们想要放弃的时候，罗伯特听到了他父亲的声音，他落难在一个岛上，没人能找到。从那以后，玛丽可以过上一个女人的生活，结了婚，而她的弟弟也找到了自己的使命，成为水手。这就是《格兰特船长的儿女》的故事。

小说的前五章包含了我对请求的定义，这些内容将读者带入书中，并让愿意参与其中的读者成为历险的一部分。

出发之前

“重点不在于揭露秘密”，在书本的封面上，出版商这样写着。书的标题和子标题——“环球旅行”，意义非常明显。故事中有一位名叫格兰特的船长，但是他一直没有出场，在场的只是他的孩子们。这些孩子们开始一次旅行，而这次旅行只能以他的名字命名，因为旅行是出于对他的思念，旅行的目的也是要找到他。因此，这次旅行的缘由没有任何的秘密，但仍然是神秘的：父亲究竟怎么样了？神秘标志着一种信息。从请求的象征层面说，这个信息指出了父亲的位置。梦境图像被弗洛伊德看作一种谜语，需要对其进行阐释。“发现信息”这一场景在书的前两章延续。开启精神分析的总是神秘，这种神秘从海中而来。在邓肯号，格里那凡爵士的船上，大家发现了一条鲨鱼，然后抓住了它。在它的肚子里，大家又发现了一只玻璃瓶，里面装着一条信息，分别用三种不同的语言写在三张纸上，这是格兰特船长的求助，文字因为海水侵蚀而看不清楚。根据这三张纸条，人们重构了求助信的一部分，就像在阐释梦之前，需要重构记忆一样。纸条上写的纬度清晰可见，但是经度消失了，因此神秘之处就在这个信息的空白之中。历险之中，这些空白以不同方式被填满，让多种阐释成为可能，而这些阐释又让人们每一次都走上了前所未有的新方向。神秘就是这样打造了旅行的线路。

确定主角，当然是通过主角的名字来实现。凡尔纳是文字游戏、密码游戏的爱好者，他改变字母的位置，相当一部分是英语字母，因此他处于自己爱好的领域中。我们举几个例子。表兄叫马克·纳布斯（Mac Nabbs），这个姓氏让我们想到“to nab”，也就是俗语所说的“抓住、夹住”，“to get nabbed”就是“被抓住”。而这个人物恰好在旅行中不停地试着去抓住帕加内尔（Paganel）的差错，帕加内尔是那位不小心登船的地理学家。另一位人物，汤姆·奥斯汀，他是一个老水手，曾经经历过这样的旅行。而人物的原形，指挥官奥斯汀也真实存在过，指挥官本人同样参与过搜寻一位消失的船长富兰克林的工作。最后不要忘记“准许”（to grant）意味着“回应请求”，这是旅程开始的原因，也是格兰特的孩子们出发的最初目的。“认为理所当然”（to take for granted）就是“看到如同听到一样”。这个直接将我们带向“定义计划”（definition du projet）这一点。为此，我们要引用航行主导人的话。格里那凡爵士夫人艾伦娜在出发前问她的丈夫：

“我们知道一切吗？”格里那凡爵士夫人说。

“知道一切，我亲爱的艾伦娜，海水造成的纸条当中字与字之间的空白，我将毫不费力地将它们填写完整，就像格兰特船长在我耳边报给我一样。”[1]

1　凡尔纳：《格兰特船长的儿女》，第一卷第二章。我会指出章节，凡尔纳的版本众多，但是最好阅读包含原本题记的版本（海泽尔出版社、奥梅雷出版社、口袋书等），因为题记也是属于文本的一部分。

这样，“理所当然”也就是“看到如同听到一样”：计划就在于重新找回父亲的声音。

最后，表达请求需要一个结束。为了让这一请求在各种各样的变化中都能保持自由展开，展开历程中不应该求助任何的第三者。这也是精神分析的基础规则。这里，建立起这一结束的不是别人，正是英国女王，她被凡尔纳贬到了公共汽车司机的座位上。凡尔纳曾请求她的帮助但是她没有回复。人们无法向她求助，因为人们不能见到她，她由虚拟的文字保护着：“禁止旅客和司机说话”（Passengers are requested not to speak to the man at the wheel）[1]。这一规定暗示着主人公们是独自进行旅行，没有任何人可以给他们支撑。从此以后，旅程开始了，持续了三本书，七十个章节，类似精神分析会面的次数！

看起来这件事情已经安排妥当。我们将参与一次旅行，旅行中的波折可以预见，旅行的目标多多少少为人所知，但是我们没有一个确切的目的。我们顺着空白文本尝试着不同的阐释方法。这些阐释应该能够帮助我们理解信息的内容，在行程上引导我们，找出父性缺失的根源。这是一场精彩的旅行，也是一场日常的旅行，心理治疗就是如此。或许凡尔纳以及弗洛伊德，都倾向于称之为奇异的旅行。为了这些历程，小说家在请求文本到位后将破坏这一文本。与其说旅行是建立在知识和信息阐释之上的，不如说它建立在意外之上。这同样也是一种文本失效，所有凡尔纳式的冒险旅行都是这种情况。在《格兰特船长的儿女》中，怪诞人物的突然出现导致了这一失效。帕加内尔是一个漫不经心的科学家，有点像凡尔纳之前塑造的图纳思教授，但又有所不同。在所有的主角都聚集在了教堂，庆祝他们参与到这次旅途之中，也就是请求结束的确切时刻，帕加内尔坐上了格里那凡的快艇，还以为自

1 同前，第一卷，第四章。

己坐上的是停在海港码头的那艘上面有他小房间的船。他睡着了，直到行驶到大海中央，才发现自己坐错了。地理学家本来是要去亚洲的，却发现自己身处南美。

意料之外的人

帕加内尔是我们意料之外的，没有人在期待这样一个人物的出现。这可能是一种对移情的美好定义：我们没有料想到的东西，突然出现的东西，和所有无意识中的东西一样。没有人在期待帕加内尔的到来，然而后来是他负责指路的。他的阐释和直觉导致团队不止一次走上错误方向。因为帕加内尔就是永久的过失行动，就是语误的化身。这是一个在船上犯错的男人，他登上一艘快艇而不是一艘汽船；他是一个曾经发表了一张包含日本的美洲地图的地理学家；一个为了听懂阿根廷人说话而一头扎进《葡国魂》(*Les Lusiades*)，结果后来才发现自己学的是葡萄牙语而不是西班牙语的科学家。过失行为、错误的认识、遗忘和语误进一步指明是什么丰富了人物形象——无意识过程。旅行非常了不起，帕加内尔更多的是在追寻无意识而非文本。孩子们的父亲被找到，更多的不是因为信息，而是因为一系列理性不可预见的转折。这些转折引导着快艇在一个晚上靠近遇难者。那时，人们会听到格兰特船长的声音，因为他们已经到了可以听到的范围里，他的儿子听到了他的声音。是“听到话语”让他们找到了父亲——我们可以将其视作“治愈”——而不是经度和纬度的重合，也不是一张纸上被填满的空白。

对一个孩子来说，精神分析的开始需要一定的条件得到满足。很多条件似乎是明显的，明确这些条件让精神分析不会在任何不言的基础上进行。要说出人们对治疗的期待，除了孩子以外还有哪些人可以在场。这种在场不一定是在办公室里出现，也可以是在分析中以其他的方式出现，无论其与精神分析家相遇的形态会是什么。也需要注意避免一种太过强烈的确定性给话语表达或提出问题带来障碍，比如关于继发性获益。这里有很多经典案例。有多少次真正的腹痛让孩子逃掉算术作业、法语提问或诗歌背诵？多少次半夜醒来并感到害怕让小女孩或小男孩跑上自己父母的床？有时候精神分析似乎是为了起规范作用：他应该要上学，他应该要在自己的床上睡觉。

一场离婚

当多琳的妈妈给我打电话约定会面时间时，她最先跟我说明的是她正在和她五岁孩子的父亲离婚。但是他们两人都同意在我见多琳之前一起来见我。F先生和F女士就这样和我在办公室相见了，他们各自前来，但同时到达。他们知道精神分析家通常都很准时，于是便运用这一点来避免在等待时共处太多时间。带着各自律师见面更舒坦一些，F先生开玩笑说。他们很年轻的时候就认识了，那是二十岁之前的事，现在他们都超过三十五岁了，他们没办法再继续一起生活。当我分别见他们的时候，我了解到F先生经历了相当多的艳遇，而他的妻子都不知道。F女士前一段时间也遇到了一个新男人，而她也对丈夫隐瞒了很久。今天，他们之间的事情更清楚了。他们在一次直言不讳的表达之后做出离婚的决定，那次他们告诉彼此：自己有情人。争吵很短暂，没有分出胜负，很快就休战了，而离婚也很快被提上日程。他们两人都是那种欣赏快速而准确地做出决定的人。在等待离婚时，他们只是住在共同的公寓里。他们睡在不同的房间，并且轮流给彼此一周一个晚上或一夜的自由时间，待在家里的那个人负责照顾孩子们，也就是五岁的多琳和她八岁的哥哥。周末和假日也用一样的方式解决。孩子们很快就知道了这个状况。他们的儿子似乎很平静地接受了。当他的父亲或母亲单独陪他和他妹妹时，他甚至有一点高兴。不过小姑娘痛哭流涕，她说不希望自己父母分开，抱怨着将来什么都不一样了。

所有这些都是六个月之前发生的。从那以后，多琳开始能接受这个事实。但仍然有一个问题。几乎每个父母中一人不在的那个晚上，多琳必定会醒来，感觉害怕，然后躲到妈妈或者爸爸的床上。这种情况在父母分开之前也时有发生，而现在变得频繁。F 先生和 F 女士对此不知所措。当他们两个人都在家的时候，妈妈陪着小姑娘上床睡觉，小姑娘很快就会起床去找她的爸爸，反过来也是如此。父母中总有一个人最后选择妥协。通过这个游戏，小姑娘抓住了他们的把柄。他们同意不再接受女儿这样做，但是他们找不到别的方法解决这个问题。他们担心小姑娘的恐惧会加剧，害怕她会因此拒绝睡觉。他们相信这个状况是因为他们要分开，但其实小姑娘的这一症状在他们决定分开之前已经存在很长时间了。因此 F 先生和 F 女士怀着一丝对孩子的愧疚感来找我。在见多琳之前，我明确地和他们说，不管将来发生什么，我都希望能够见到他们俩。在我看来，他们如今的关系建立在一种太过机械的模式之上，这让他们很抗拒时间安排上的调整。

一个假小子

虽然我也没有期待某一种特别的外貌，但我第一次见到多琳的时候还是非常惊讶。有时候父亲或母亲会描述自己孩子梳着金色或棕色的辫子，有一对炯炯有神的眼睛，是胖或者瘦，身高多少，强壮还是温柔，以及孩子焦躁或坚定的表情。这是一种将孩子放入精神分析家想象之中的方法，是一种将他们自己的想象传递给分析家的方法。这样，尽管分析家不想有所期待，但在见孩子之前已经对孩子的外貌有了一定的概念。分析家往往会见到一张长得差不多的脸，或者完全不同。人们可能会向分析家介绍一个和他见到的孩子完全不一样的孩子。这次我什么信息都没有接收到，我也什么都没有问。因此我就是在等一个五岁的女孩。来的也确实是一个小女孩，这没有任何问题。但这是一个我们可能会立刻将她视作假小子的女孩子。多琳非常漂亮，看起来充满活力。她的步伐、她的短发、她的衣着都让她有一种小男孩的感觉。她穿的鞋子、裤子和套衫可能都是她哥哥的，因为这些衣服看上去肯定不是为她买的，她几乎已经到了反串打扮的边界了。她父母之前来见我时，我完全没有往这方面想，即使我还记得那时他们告诉我多琳很喜欢玩小男孩的游戏。我告诉自己，神秘之处可能不在我们以为它所在的地方。一开始，我从来都没有想过这方面的问题。不过，我一直都没看到多琳男装以外的打扮。

在第一次会面中，多琳提到了她来这里的原因。她晚上会有点害怕，想和爸爸妈妈一起睡，然后又说她不希望他们分开。她用小人摆出了汉塞尔（Hansel）和格蕾特尔（Gretel）的故事[1]场景。场景中，女巫是一位外婆，小女孩格蕾特尔拯救了自己。小女孩重新找到了自己的父母，而她的哥哥则在家和女巫待在一起。之后，小男孩也拯救了自己，回到家里。在会谈的最后，我们决定让她每周都来见我，她说这是为了让她不再害怕。不过，在我看来，她跟我谈论的害怕并不是她遇到的困难的实质部分。

汉塞尔和格蕾特尔

和多琳会面的最初一段时间，我们没有怎么讨论害怕带来的问题，更多的是在说明这一害怕带来的好处。每一次多琳来见我时都会完善汉塞尔和格蕾特尔的故事，这成了治疗内容的重要元素。通过她和我都知道且她知道我知道的一个故事，我们划定了会谈的空间。我不那么频繁地询问人物、故事情节的功能，全当这是一个完全由孩子编造出来的故事。但是我也知道所有她让这个关于两个孩子的故事里出现的变化，而她也知道我知道。这样我们

1 《汉塞尔和格蕾特尔》是《格林童话》中的故事。译者注。

建立了一种默契，移情空间正是这样建立的。很快我就发现，在令小女孩晚上爬起来的原因里，躲在父母身边的快乐、躲在爸爸或妈妈床上的快乐远胜我们以为的害怕。这种对快乐的意愿成为一切改变的障碍。当多琳可以意识到这一点时，我们就安排了一次和她父母的新会面。

他们重新一起来到我这里的那次会面，也是我们的最后一次会面，这次会面多琳不愿意参与。会面中，我们约定好从此以后无论发生什么，多琳都要自己睡在自己的床上。相互指责对方软弱的父母都同意了这一决定。在回答我的问题时，我也了解到多琳男性化的打扮是她自己要求的。多琳不能接受其他穿着，而且这个情况已经出现了很久，她的父母一直在为这事情烦恼。他们不是为了这事来见我，但是我听到了，于是我参与到和我无关的事情之中。不要急着指责精神分析家有性别歧视。小女孩也可以穿长裤，但谁同意今天的法国男孩子穿短裙？性别之间有差异，这一差异可以在穿着中体现出来。这是一种差别，而非一种不平等。让我想到多琳症状的，并不是她穿着一条长裤，而是对穿长裤的绝对要求，这种绝对要求延伸到了她的整个穿着打扮。

这次会面之后，多琳晚上渐渐不再去她父母床上了。会面的内容也有所变化。我们总是频繁谈到汉塞尔以及格蕾特尔，但是从此以后不再是孩子而是女巫和她的房子成了故事的中心。那是一位充满魅力却十分危险的女巫，就像在童话故事里的那些女巫一样。但同时，她既是可爱的也是讨厌的。有时，孩子们和她组成一个联盟对抗其他更凶恶的女巫；有时，女巫把孩子们杀掉，为的是之后孩子们能复活并毁掉她的房子报复她。在这里，孩子区分得很清楚。有时是汉塞尔被女巫保护，格蕾特尔必须逃跑；有时是女孩子可以留下而男孩子有危险。一段时间里，我将这些和F先生夫妇的分手联系起来，也将这些和他们的孩子，一个男孩子和一个女孩子关于未来的追问联系起来，这使得一个越来越显得关键的元素被放到了一边。从第一次会面起，我就知道女巫是外婆，多琳常常称女巫为“Oma”，即德语里的“外婆”。

一位外婆

在那之后，离婚经历了争吵、冲突并最终完成。自从F先生搬出共同的公寓之后，协议进行得很不顺利。律师继续处理离婚事宜。F先生和F女士不再说话，两人交接孩子的时候也尽可能地少说话。当F先生在周末结束时送多琳和她哥哥回F女士家时，一点小小的迟到都能成为争吵的借口。当我见他的时候，他抱怨前妻的苛求、占有欲、强加给孩子的不自由。同时，他又觉得她因为被工作或新男友吞没而过度缺席。F女士批评她前夫的随便、只想着玩乐、只想着和孩子们玩耍，是一个不能被信任的人。多琳和哥哥在这场战争中的反应似乎不算太差。于是，这时出现了一个新人物，F女士的妈妈，多琳的外婆。她想和我见面，是多琳的哥哥给了她我的地址。我没有一上来就拒绝，但我说要先和她的女儿聊聊，而这似乎惹恼了这个女人。

这一会面的要求将澄清多琳在会谈中讲述的故事里那个女巫Oma的特征，而孩子们也正是这样称呼他们的外婆的。她不是德国人，但她丈夫是德国人，为了纪念他，孙子们都叫她Oma。当我和多琳谈到她时，多琳告诉我说女巫Oma不喜欢女孩子，她会让格蕾特尔离开，因为她只喜欢男孩子，只和男孩子一起做事情。

当我和F女士碰面时，她因为母亲没有告知她就提出要和我见面而恼火。她告诉我说她们之间的关系不太好，她感觉自己的母亲在离婚中站在她丈夫的那一边。实际上，外婆从来没有爱过多琳，F女士这样和我说。她总是拒绝多琳去她乡下的房子玩，多琳的哥哥则可以。几个月前，在他们离婚之前，F先生和F女士开车送孩子去外婆家度假，但她拒绝接收多琳，只有哥哥留下来了。他们不得不打开箱子，挑出男孩子的衣服。在这种情况下，F女士笑着和我说，她其实只是按大小来挑出哥哥的衣服，因为两个人都穿男孩子的衣服。她不理解自己母亲的态度，但现在她决定不再容忍。如果外婆想要孩子去她那里玩，那就要两个人都留下，不然一个都不要去。最近，她就没有接受自己的母亲只带着哥哥出去的想法。而因为外婆不想两个都带着，他们就都没去。“可能就是因为这个她才想要和您聊聊的。”我提醒F女士我没有任何义务接待她母亲，对此她有点怀疑。我们最后明确，是她和她前夫，孩子的母亲和父亲，来见我。我只在F女士坚持且她的前夫同意的情况下见她的母亲。然而她并不希望如此。因此我就不见这位外婆了；女巫就这样留在多琳的故事里。

意料之外的猜测

那次会谈应该在这里就可以停止了，但在离开之前，F女士跟我说“我要和你说件事情”。她对她母亲的猜测有一些猜测。她怀着女儿多琳的时候差不多就是她认识现在的情人的时候，而如今，这个男人要接替她丈夫的位置，虽然孩子们还不认识这个男人。她觉得母亲猜疑多琳不是她前夫的孩子，而是偷情之罪带来的孩子，因此不认她。她从来没能和母亲聊聊这件事情，母亲是一个规规矩矩的人，不能接受结了婚的女儿有一个情人。但如果她开诚布公地和母亲谈论这件事情，母亲就会不再接纳她。当我问她这些猜测是否站得住脚时，她说这是一个困扰她生活的问题，这几年来都是如此，她找不到回答的办法。她确信多琳是前夫的女儿，但是有个情人的负罪感让这变成了一种迟疑，她不敢明确地表达这种迟疑，无意识地维持着。不久之前，当我要她来见我的时候——我们为了那天的会面约了整整两周——她意识到问题的所在，终于问了男朋友这个问题。男朋友向她保证完全不可能。在他们遇到彼此之后的三周，他都不在，而她正是在这段时间怀孕的。对他来说，多琳没有一丝可能性是自己的孩子。

和看起来一样矛盾，精神分析总是习惯于惊喜，双关语的惊喜，就像安德罗玛克关于电梯意象的惊喜。但这里的情况不同。意料之外的事情出现了。无意识狡猾地利用了出人意料的道路。通过压抑问题本身，F女士为了自己而保持着关于孩子生父的怀疑。这样，她就和自己的母亲保持了一种特殊的联系，以罪恶感的方式体现，但是她的女儿多琳为此付出了代价。多琳付出的代价就是钟情于男生外表，且越来越具有攻击性。在学校，大家都嘲笑她。她父亲希望她穿得像个女孩子，而多琳的态度可能会导致她与父亲之间的冲突。不久之后，F女士说要见我。在这一情况下，我认为她来见我并不是非常理想，我更希望让她去见另一个精神分析家。母亲和孩子的道路过于交织，现在是它们分开的时候了。

因此，带着母亲告知我的新元素，多琳继续她的精神分析。她继续讲述着汉塞尔和格蕾特尔不同的故事，并创造出更丰富的版本。我们更新了她男孩子性格的原因。她不是想成为一个男孩子，她把这一点让给了自己的哥哥，她是想成为一个得到爱的孩子。父母的宽容让她处于当下的位置，而她父亲新的态度帮助她离开这个位置。一种和哥哥之间为了母亲的爱而产生的敌对是可能出现的。多琳不再必须做到——不是成为一个男孩子——穿得像一个男孩子，从而让母亲开心。她可以成为母亲的女儿而不会落入母亲和外婆关系的圈套。在那里，为了被承认、被爱，多琳和母亲都以为多琳要成为和她哥哥一样的人。这样，我们也可以理解F女士说到挑选衣服的场景时的笑容。正是她，在不知道的情况下，维持了性别的混淆。她的女儿如果打扮成男孩子就不会再被认作是情人的孩子。但是，有些事情行不通，外婆不是好骗的。多琳保持着自己小男孩的外貌，却不知道原因。她关于汉塞尔和格蕾特尔故事的多重版本可以让她给一切找到替代品，直到她走出这个故事，发明另一个故事，一个她自己的故事。

秘密和神秘

和多琳的会面进入尾声，我们在她第一次来见我的两年后达成一致。这个女孩子在生活中已经发生了重大的转变。她的父母分开了，但目前母亲继续独自带着他们生活。她没有让自己的男友来家里，两人的关系似乎疏远了。不过，她父亲有了一个新女友。照顾孩子的时间在离婚的时候得到了明确。对夜晚的恐惧消失很久了，而着装问题也不再是问题。多琳不再一定要让自己穿得像个男孩子。

我们看到，这个女孩子的精神分析过程从一个请求开始。那时，就像我们看到的一样，没有秘密，但有些神秘的部分。多琳在她的父母不再隐瞒各自的婚外情时来见我。但是，在不知道的情况下，多琳见证了一种神秘，即她母亲无意识中的罪恶感。目的在一开始就明确了，但是必须一直更新，我们穿过她的害怕，这一去父母床上的借口，最终对多琳的穿着提出疑问。确定主角也非常重要：多琳和她的父母。一方面，父母的分开不应该让他们远离治疗；另一方面，外婆意外的到来对开始治疗的决定起着作用。会面在两次预先会面之后开始，先是和F先生和F女士，再是和多琳，接着，最初的请求被颠覆了。因为我们同意这个过程是一个精神分析的过程，而不是一个再教育的过程，不是解决她一开始的害怕问题。所以将这个问题放到一边并没有导致会面中断，由此，假小子多琳的根本问题得以显现和被正确对待。

开始和结尾

多琳的分析在预先会面后开始。明确开始让我们能够指出会有一个结尾。这似乎显而易见，但是事后，精神分析家们经常发现治疗边界不在儿童精神分析的范畴之内。当一个孩子，或者一个给孩子做过咨询的成人，来见一个新的分析家时，通常这个分析家都会发现上一次治疗是没有结尾的，那一治疗从未真正结束过。

治疗停止了，因为疏忽，因为学校假期，因为时间调整。如果我们试图找出更多的原因，我们会意识到那次治疗的开始也并不明确。孩子和父母一起遇到了一个先生，然后一个女士，然后另一个女士或另一个先生，孩子和这些人一起画画、玩玩。这持续了三个月、六个月或一年，孩子不再记得了。有可能，就像我们见过的贝热尼丝和安德罗玛克一开始的那段时间一样，预先会面就停留在那里。先决条件让之后会面开始的可能性展现出来，后来安德罗玛克和我一起工作，而贝热尼丝的情况则不是这样。无论怎样，这一决定不是任意的。这不是在宣布："今天，我们开始了。"这不是愉快之旅或寻宝之旅。

我们完全懂得一次医学或心理咨询的进行是不需要孩子本人明确同意的。结果可能有点难解读，但是技巧是有的，让我们把时间维度放到一边，即请求的时间，甚至是在进行心理投射测试时也是如此。比如当我们要来访者说出在墨迹中看到了什么时，一个孩子或一个大人，特别爱看到某人的形状，比如两个女人正在跳舞；或者，他们认为在墨迹中间留有的空白是一张白色的脸。

看到证据

2003年伊拉克战争开始前不久，当时的美国总统乔治·布什试图让人们相信伊拉克领导人萨达姆·侯赛因制造了原子武器和化学武器。一个美国幽默画家2002年9月发表了一套非常有深意的简短的连环画。[1]在第一幅画中，他画了乔治·布什在一个心理学家或一个精神分析家办公室——我们不太能看出来到底是哪一个，面对著名的墨迹实验。总统靠在躺椅上——在美国，心理学家和精神分析家之间的联系有时候比在法国更强，而最早的精神分析家有时也运用这样的物品。布什描绘第一幅墨水印："这是萨达姆

1 达里尔·卡格尔（Daryl Cagle）的漫画，转载自2002年9月18日《世界报》。

正在用毒气毒杀他的人民。”他又开始说第二幅：“他正在制造大规模杀伤性武器。”在第二幅画中，布什总统在联合国讲台上，他以强势又有说服力的语调宣布：“我看到了证据！”

幽默非常确切，漫画让我们忍俊不禁。不止一个人怀疑小布什因私人恩怨而要解决掉萨达姆，更准确地说他要完成他父亲留给他的任务。老布什向伊拉克开战，却没能推翻萨达姆的政权。儿子在这里被要求做得比父亲更好，要在父亲失败的地方获得成功。当然，这是将政治问题缩减为一些俄狄浦斯式的经历，即便这些经历确实存在，也不是主要原因。不过，这让我们坚定了漫画的准确性。这个总统进行决策的故事属于心理学家或精神分析家。临床工作者在这里做了什么？他观察出意愿比一切都强大。总统在墨迹中看到了现实，而当总统在躺椅上时，我们问总统的正是现实。不过这是他的现实，他把这种现实从精神分析家的办公室中带出来并强加给了全世界。他有这个办法。他的现实，他欲望的现实，他父亲欲望的现实，被他强加成为现实。这就是漫画的寓言。俄狄浦斯，当你操控着我们……

如今，俄狄浦斯，这个有情结的老好人，所有人都知道了他。幽默大师、画家、记者、总统、心理学家，每个人都知道这个人物怎样控制了我们。漫画很准确，也是因为漫画用某种精神分析的使用方法来进行人物的夸张化。看漫画时我们无法确定咨询者是精神分析家还是心理学家，而法国读者看到的是两者的混合。这点并非无足轻重。精神分析家，这些纽约人亲爱的“畏缩者”[1]，这个词从“缩头者”（shrink head）来，简称只用了前一个单词，并不都是十分无辜。他们在精神分析的世俗化过程中并未缺席。他们部分地参与了这一过程，在此过程中，这一揭示被作为好消息被到处散播。他们把有些原理放在其他所有原理前面。俄狄浦

1　shrink：畏缩的意思；在美式英语中，这个词也非正式地指称精神方面的工作者。译者注。

斯情结是这些原理的典范。心理学家，他们是知情的人；精神分析家，他们是有此经历的人；他们聚在这一理论知识前。我们这一漫画的幽默还意味着什么？那就是一个儿子到处都碰到父亲萨达姆，他充满全能感，折磨着自己的孩子们。消灭他是一个好行动。而且，如果成功了，小布什还可以超过老布什。“我看到了证据”，杀掉自己父亲的儿子可以信誓旦旦地这样写道。这就是俄狄浦斯情结得以解决的最佳方式！

悬置知道

提出请求的时间完全被排除了，这涉及精神分析的核心动力。这让精神分析家的移情有一个根源，因此也有一个结尾，让移情扎根于和一个人的关系之中。在简短的漫画里，小布什被漫画师召唤。他屈从于这一要求。在纸上的模拟场景之中，他不能做其他事情。不过，这证明了一个情况，是现实中出现的。让多琳来到精神分析家办公室的症状的确显现了著名的俄狄浦斯情结。没有人能忽视这一点。一个小姑娘睡在父母的床上，想要把他们分开，好成为他们唯一的爱的对象。当她轮流睡到母亲和父亲的床上时，这一证据更为强烈。所有俄狄浦斯式的女性人物形象——她们都比男性的形象更为复杂，弗洛伊德确认了这一点——都在此发挥作用。被召唤到咨询当中的多琳，除了晚上醒来，不能理解她生活中任何其他的现象。每一次，在每种情况下，都有可能捕捉到一个知道，对具体细致症状的知道，就像知道被孩子展现并以困难传播出来那样。

不过，那些最初的会面可能被多琳理解为提出请求的时刻。这个时刻在任何一种情况中都不会是结论性的。在精神分析家的第一次会谈和其他所有咨询之间，有着一种根本性的差异。医生和心理医生是为了找到答案，给出指示，指明一条可以预见的道路。大部分的心理治疗师和再教育师给出一个可跟随的道路，明确治愈必要的各个阶段，这往往是不可或缺的。表明一个差异并不意味着等级化。当一个孩子不知道接待他的人是谁，他来这个地方做什么时，混淆就会带来干预的风险。是精神分析家干预并让他考虑不可预见之物。只有从对这点的赞同出发，治疗才可能开始。开始并不是一个任意的决定。因而，精神分析家就是这样通过提出请求的时刻，开启治疗。

第四章
辞说

这个场景发生在几年前的一所精神病院，是按 1838 年的法令建立的几所大型精神病院中的一所。1838 年的法令被很多人视作现代精神病学的奠基，特别主张为精神病患者建立地区医院。这些精神病院远离大城市，病人们不得不过着几乎可以说是自给自足的生活。菜园、果园、马圈、教堂、戏院，有钱人的场馆和穷人的公共大厅，主治医师的房子，护士学校，毗邻的墓地，这些共同组成了一个封闭的世界，周围筑着高墙，墙中大门紧锁，是另外的一个世界。如今，大部分的医院还在使用中，但是不再以封闭的方式运转。

对心理病患的隔离，建立一个平行世界，这都不再是精神病学的教条。这些场所不再是疯人院，甚至不是精神病医院，而是治疗中心。它们仍然位于城市郊区，治疗、服务综合进行也已经很长时间了，病人也不多。不过总还有一些附属的特别的地方，比如我遇见埃吉斯特的地方。

附楼

附楼很远，靠近围墙，和其他建筑都不一样，它不是以一个伟大的精神病学前辈的名字命名的。既不叫埃斯基罗尔楼，也不叫芒南楼，也不叫莫海勒[1]楼。它叫儿童服务楼。这栋楼最初建造的原因可能已经没人记得了，后来它被改造、重新布置，用来接待没人愿意接待的孩子们。楼中两个部分被清楚地区隔开。第一部分，入口、医疗办公室、一个为参观和会议提供服务的足够大的大厅。第二部分，两个巨大的房间，一个是白天用的，里面有些椅子和一张桌子；另一个是夜晚用的，里面有些床以及卫生设施。两个房间之间是铺了方砖的大厅，作为食堂。这些房间都朝向一个开放性空间：一块由无法翻越的铁丝网围成的草地。两个部分由一个走廊区隔开，走廊通向两部分的两头都上了锁，走廊里有护士休息室和药房。走廊两头的气氛截然不同，在入口这一边，非常安静，常常空旷无人。附楼并不是精神病医院的中心地带。实习医生也尽可能少地待在这里，心理医生和其他专家都很少来这里，即使来也不会待很久。而另一边，首先气味就会让人觉得不同寻常，尿液、粪便和呕吐物的气味日常弥漫着。接着是声音，有些人声含糊不清，有些人喋喋不休、埋怨、哭泣、大叫，有时候声响夸张到可以用震耳欲聋来形容，然后突然又变成一种悄无声息的安静，持续良久。接着，我们可以看到不同程度病情的孩童，其中有些是病比较重、被视作无法治愈的六到十二三岁之间的孩童，比如不明原因的大脑疾病，导致严重智力不足的罕见神经缺陷、慢性精神病，这个群体中的小孩子们遭受着各种各样截然不同的困扰。这里似乎是在圣迹前渴望通过祈求从而恢复健康的充满病人的广场，但这里并没有奇迹。晚上，瘫痪的人不会突然开始行走，残废的人也不会重拾灵敏。有些人永远在一张椅子上晃动，一个自闭的孩子在家具上散步，在门头上行走。有些人试着搭积木，然后暴力地摧毁积木，让木块乱飞。他们的衣服很久没洗，都不成套，不是太大就是太小。很少有人脚上穿着鞋子。两三个护士或者护工来这里，做些他们能够做的事情，一般是大量的打扫工作和一些照顾工作。当天气够好，出门放风是他

1　埃斯基罗尔（Esquirol）、芒南（Magnan）、莫海勒（Morel），他们都是19世纪法国精神病学家，对现代精神病学在法国和全世界的建立，都做出了重要贡献。译者注。

们的意外收获。有些日子，他们自己组成小团队在医院里散步，但是也并不完全让人放心。这些孩子中，有一个叫埃吉斯特，他有一个狂热的爱好，就是打破机动车的车窗玻璃。

做一个苦行僧

这些孩子，我一个个去认识了他们。我到这个地方的时候，他们正经历一场巨大的改变，几乎算得上是一场革命。一个主治医生被任命负责这座附楼，从此以后这里就成了一个独立的部门。我和其他一些人跟着他来到这里。医院的重要人物事先告诉我们：不需要太常来这里，每周来两三次就够了，这是个闲差事。但是主治医生决定用不同的方式对待这些被忽略的孩子们。一个精神分析家在这样一个地方能做些什么？其实可以做的事情既可以很少，也可以很多。比如重新赋予这些孩子身份，帮助工作人员从看护的角色中走出来，试着让洗衣中心不要弄混那些袜子，让行政中心提供一些可供孩子们咬来咬去的塑胶小积木以外的玩具，捡一些大的空树干让孩子们在草地上玩，接待很久都没有见过他们儿子或女儿的家长，还有，试着让孩子们从封闭他们的辞说中走出来。

特别是埃吉斯特，这个十一岁的男孩子和别人沟通的时候说话像个机器。他把词分割成一个个音节，他不停地询问与他对话者的身份，从来不看对方。“Tu/t’a/appelles/co/mment/toi/moi/c’est/E/gis/the.”（你叫什么名字，我叫埃吉斯特。）语气非常机械，不断地重复问题。他非常灵敏，搭建了很多高大的积木建筑，但是一旦建造完成，他就把建筑摧毁了。他还会永无止境地排椅子。但是，如果其他孩子参与进他的游戏，拿一块积木，或者搬一张椅子，埃吉斯特就会陷入一种无法控制的咆哮。他非常暴力地对待那个孩子，也打自己，用头撞墙。他跑出去，在草地上奔跑尖叫。要他平静下来需要花很长时间。有些人安慰他的效果比其他人好，特别是一个有些年长的护士，她有一副母亲的面孔，会将男孩抱在怀里，轻柔地和他说话，就像在安慰一个受惊的婴儿。其他时候，因为某个没有人知道的原因，埃吉斯特会突然开始旋转，直到失去平衡而摔倒，如果那时没人扶他的话。大家说："他是个苦行僧，在修行呢！"他经常将这些旋转动作和一个他经常重复的词联系起来，"di/ce/que"（光碟）。如果说他和人说话的时候都低着头，那么当他注视你的时候就要小心了，因为他手里的积木或者石头可能正是用来扔向他看到的那个人脸上的。正是这样，当护士们不注意时，他就会成为孩子群中的危险分子。

当我们关注埃吉斯特时，我们立刻发现的是他那严肃、担忧和有些悲伤的神情。他似乎被悲哀绑架了，不得不做出这样的行为。只有一个时刻我会看到他笑，看到他开心，就是在他打坏一个车窗之后。当他在医院里散步的时候，他就会准备袭击。他在口袋里装几块石头当作弹药，当挡风玻璃或车窗碎成无数小碎片时，埃吉斯特就很开心。

关于这个孩子的精神诊断很早就出来了。他的医学文件中的内容非常有限，而且没有任何家庭联系信息，但我们还是成功地重建出了他的故事梗概。他被认为是患了精神病。从大约四岁起，他就被送去一个接收心理缺陷儿童的特殊走读学校。似乎在那个时候，他的父母就离开了本地，从那以后是一位祖母在照顾他。五六岁时，他住进了一家接收有各种困扰的儿童的寄宿学校。他在那里表现得非常暴力，很容易生气，但是非常聪明。因此，七岁时，他被一所精神病儿童特殊学校录取了。第二年，他引起了一起事故。当他从教学楼里跑出来的时候，一个女教员为了追他，结果被一辆车撞了，当场死亡。再也没人想要埃吉斯特，这家学校也不要他，那家学校也不要。就这样，他来到这所医院的附楼。从此以后，一种几近杀人犯的名声一直跟着他。从他的故事里，我们已知的元素不多，但我们特别注意到一个：由于他的原因，一个想要照顾他的年轻女人死了。这一关于埃吉斯特的辞说加重了他的封闭。

坏名声

这里，我将“辞说”视作人们传说的话，特别是在针对儿童的问题时。他们首先对孩子有了一个定义，给了孩子某个位子。孩子所用的所有词语，做出的所有行为，所有无法被理解的危险行动都可能成为且只成为这一辞说的又一佐证。机构非常渴望这种辞说。这是一种没有主体性的话语。有了这种辞说，医院、学校、家庭就能够把一切归于一个想法、一种评价，他们彼此也就能够结为一体。虽然孩子并不是辞说针对的唯一群体，成年人有时也是这些话语的目标，但是孩子们因为他们的非独立性往往更常被这些辞说瞄准。

正是这样，通过这些和埃吉斯特相关的辞说，他的一些行为得到了解释。他恨机动车，他如今的不幸正是这些机动车中的一辆造成的。汽车是他人生的攻击目标，他复仇的时候非常开心。不过，他的负罪感让他不能直视说话的对象，且导致了在旋转中自我忘记的欲望。话语形成了、固定了，带着一种无可救药的意味。埃吉斯特的暴力是持续的，他的逃跑，他准备扔的石子，都是应该永远注意他、小心他的标志。杀人犯永远就在身边，应当永久监视他，给予他惩戒性的关注。这样，在接受一个温和的手术之前，在他被送去的儿科部门，当专门看管他的有力气的护工不在的时候，埃吉斯特几乎永远被拴在床上。除了极少的时候，别的靠近他的人都将自己视作一个潜在的受害者。有些人毫不犹豫地将附楼比作野兽笼，埃吉斯特是最受人瞩目的野兽之一。

我们要注意，这一辞说并不是每个认识和照顾埃吉斯特的人、每个医生、每个护士、每个护工、每个教育者的言论。一个接着一个，他们都不是这么说的。如果说这样的辞说时不时地从这个或那个人的口中表达出来，这些人更多的都是离这个小男孩很远的人。比如另一个部门的某个护士，他的车窗被砸了，或者一个被石子砸到的路人，或是要处理那些被他搞坏了的东西的人。尽管如此，辞说的主语并不确定。这是一个针对埃吉斯特的评价，没有法官也没有法庭，但其威力远远超过了谣言的范畴。当我们听到这样的辞说，就把这个辞说针对的人放到某个特别的位子，于是，这个辞说在此刻起到的效果相当于一种宣判。当人们以这种方式讲述了孩子的故事以后，就没有人能心无忌惮地和埃吉斯特见面了。

埃吉斯特的例子很具有典型性，主要是因为这个孩子几乎完全被抛弃遗留在医疗机构里。我见到了他的外婆，她没有忘记他，但自从他造成了车祸，进了附楼，她就把他从自己的生命中划去了。她证实说她的女儿和埃吉斯特的父亲从那以后在法国的另一边生活，他们从来没有回来过，只会偶尔了解一下情况，而且只询问自己儿子被收留在什么地方，其他什么都不想知道。和这个女人的碰面进一步证明了埃吉斯特的孤单，她本人在埃吉斯特出生的时候也离女儿很远。她们那个时候闹翻了，妈妈不喜欢女儿的丈夫，觉得他是一个乞丐。她后来再也没见过女儿，直到女儿离开这个地区，把自己应对孩子所负的责任托付给她的时候。她被托付的只是责任，而不是看管，因为小男孩上特殊走读学校的时候被送到了一个寄养家庭。他外婆提到当他很小的时候有一次摔到了头，这是她女儿告诉她的，她女儿认为这是埃吉斯特的病因。她其他什么都不知道了，她也没有再回到医院，她不想和这个外孙扯上关系，因为从这个孩子出生起，他对她来说就完全是陌生人。这次会面证实了埃吉斯特被抛弃的事实。我们要求他的父母来与我们见面，但是他们从来不回应我们的请求。因此没有其他任何辞说可以对机构的辞说进行补充。埃吉斯特的唯一形象就是医院里传说的这一形象。

想象维度

因为辞说构成了对一个主体的想象维度，一旦一个新生儿到了一个家庭，大家就会开始寻找那些与父母相似的特征，那些属于这个家庭的特征。他完全就是他爸爸小时候的样子，他很像他外婆，和他阿姨或和他哥哥长得一模一样。之后，人们开始关注性格，“他和他妈一个样”，或者说“我不明白他这到底是谁遗传的”。辞说可以被理解为一面语言的镜子。主体在辞说中找到自己的形象，辞说界定了他在世界中所处的位子。这一形象并非单一的。他可能从舅舅那里继承些什么，再从爷爷那里继承些什么，还有一些和姐姐很像。他的行为可能让人想起曾祖父的行为，甚至像父母或敬仰或憎恨的共和国英雄的行为。“我”就这样被制造出来，千变万化。是这些不尽相同甚至相互矛盾的特征的总体，组成了一个主体的人格，引导了一个人在社会中的行为，让一个人能被他人认出来。这一想象的外壳在埃吉斯特的故事中缺失了，他甚至没有作为一个陌生人、一个家里的疯子而被承认。他不再存在于这个家中。头着地摔倒，教员之死，这些使得他被家人从家谱上擦掉了，就像一些犯人被判刑后，家里人都改了名字一样。

我们明白，是埃吉斯特的病态行为让我们意识到这一外壳的缺失。他的困扰由来已久，我们也知道，从他很小的时候就有了。我们可以确信，那个时候，他还没有进入拉康所说的“镜子阶段”的状态[1]。也就是说，在六个月到一年半之内，一个还不能自己行动的孩子，被父母抱到镜子前时，可以通过自己身体的形象认出自己。在镜子中，孩子看到自己身体的形象，并把这个形象和父母、周围其他物品的形象区分开来。小孩子认出自己的身体外壳，并且明白这是一个整体，这个阶段，孩子自己还不能组织自己的行动，因为神经系统还没有成熟。这样，孩子在这个反射的形象中，找到了自己的想象身份。这个想象身份让他得以超越自己对身体的碎片化感知，这种碎片化的感知先于对身体的整体化认识。

1 参见拉康：《镜子阶段作为“我”的功能之形成》（*Le Stade du miroir comme formateur de la fonction du Je*），《拉康选集》，巴黎，瑟伊出版社，1966 年。

每个人都能注意到，一个很小的孩子在镜子里看到自己，然后摇头晃脑，向左倾再向右倾时的那种快乐。即使这可能只是一种最初的体验，镜子阶段也不应该被视作可以越过的一个阶段。一旦到了某个确定的时刻，就会在一定的帮助下完成。直到16世纪，镜子都是很罕见的物品，通常很小，且被视作是成人世界的东西[1]，但这并不妨碍农村人对自己的身体有一个整体性的认识，而盲童也完全可以做到这一点。这一体验，一个宝宝可以通过观察一个和他差不多的另一个宝宝或者一个成人而完成。围着他的大人，他的妈妈，都会时不时地和他玩一些和身体部分相关的游戏。“鼻子在哪里呢？指给我看你的耳朵，你的眼睛……”这是每个大人都会和孩子一起玩的游戏。用手玩玩偶，唱着“剪刀船”同时在空中比着节奏，亲亲小脚，跳上木马好像真的骑上小马，这些既是词语，也是激发身体外壳的趣语，有时候这里还会包括镜子中没有出现的性欲部分。这样，对身体的整体性认识得到了保证。

身体碎片化

我们不知道，埃吉斯特在十八个月大之前这个极早的阶段经历了什么。现在，他不停地将自己的身体碎片化。他总是要摧毁搭好的积木，他不停地排放椅子，不停地去打断，这些都展现出他对聚集和连在一起的绝望尝试。焦虑在他的脸上流露。当不可避免的摧毁最终发生，对碎片化身体的幻想就通过一种难以控制的、具有侵略性的暴力释放表现出来。打破车的挡风玻璃不是在表现报复，之后的快乐也并不是因为报了仇而幸福。这是一个时刻，在此刻他终于找到了一个与他碎片化的身体幻想相一致的画面。在玻璃碎成许许多多小块的那一刻，他得以认出自己，他得以在许许多多块碎片里看到埃吉斯特本人。短暂的时间，稍纵即逝的

1 参见萨比娜·梅尔基奥尔-博内（Sabine Melchior-Bonner）：《镜子的历史》（*Histoire du miroir*），巴黎，阿歇特（Hachette）出版社，1994年。

满足，但非常真实。每个人都被他砸坏玻璃以后的快乐震动。可能他之前经历的意外车祸让他第一次体会到了碎玻璃给他带来的快乐，而从此以后他一直试着再次体会。但是这里，我们坚持要重建一个我们什么都不知道的故事。我们从他向我们提问的方式出发理解这个故事。因为，当他面对和他说话的人时，他组建的也正是这种碎片化。埃吉斯特说话时切断词，就像他打碎车窗，把车窗变成一小块一小块那样。他通过询问和他说话的人的身份来质疑他是否也是碎片化的。而且，如果他抬头去看和他说话的人，那是为了试着确认他对交谈对象扔石头的时候，那个人是否会碎裂。他在试着从别人身上找到自己碎片化的形象。我们可以明白，这种碎片化的形象导致了他的极度不安。这是一种和不安对抗的方式，因为碎片化而产生的不安，但是这让埃吉斯特被打入了犯罪、恶毒的辞说之中。他所做的所有事情肯定是应该受到惩罚的，但是当我们知道碎片化的身体幻想没有被接收时，这些行为甚至可以说是可以预见的。机构的辞说制造了外壳。

面对埃吉斯特这样的例子，面对这个孩子所处的环境，一个精神分析家能做的实在不多。精神病院负责照顾这个孩子，当他过度焦虑时，借助平息焦虑的药物为他治疗。大部分时候，当负责他的医生离开的时候，经常是护士们自主地决定他的治疗。但是医院本身并不具有照料性，它是收容性的。我们不是在一个乌托邦式的地方，像马恩河上的博纳伊（Bonneuil-sur-Marne）实验医院或者布鲁诺·贝特尔海姆在芝加哥的计划生育学校[1]。医院结构太繁杂了，不能更好地考虑为这些孩子的生活环境带来那么一些轻微的改变。

1　参见莫德·马诺尼（Maud Mannoni）：《不可能的教育》（*Éducation impossible*），巴黎，瑟伊出版社，1973 年；布鲁诺·贝特尔海姆（Bruno Bettelheim）：《空虚的堡垒》（*La Forteresse vide*），巴黎，伽利玛出版社，1969 年。

在医院工作

精神分析家在医院首先要做的就是倾听孩子，以免自己被流传的辞说欺骗。当然，这里的辞说指的是所有别人告诉我的埃吉斯特的胡闹和危险。作为工作的开始，我有权利和孩子单独在一起，这是一种让我能够明白这个地方日常暴力情况的方法。这个阶段进行得并不坏，从那以后我得以和所有新员工一起试着重新赋予附楼和附楼里的住客们以新的生活。组织员工会议，建立儿童小组，改善他们的居住环境，选择他们的居住地点，这些更多的是一种照料活动，而不是一种精神分析活动。至于埃吉斯特，这一活动首先在于粉碎重压他的辞说。我必须区分攻击性和恶意行为，粗鲁或暴力的行为和碎片化的身体，必须要将埃吉斯特从他潜在的杀人倾向中带出来。他不是一个天生的罪犯。向他解释这一点并让他明白这一点至关重要。

这里，区分分析治疗和精神分析实践非常重要。无论怎样规划，都不可能在这样的地方对埃吉斯特这样的孩子进行精神分析实践。治疗，以我们刚刚对其界定的含义来说，从它的框架以及最初的请求出发，完全找不到自己的位子。医院的环境太过沉重和约束，如此长时间浸泡在精神病中的孩子是不可能提出精神分析请求的。有些客观和主观的条件让分析治疗成为幻想。如今，如果指示被当作一种命令，那么拒绝使用指示是一件好事情。因此，人们强调每个分析家都有接收某种病人的能力，或者相反，强调他有不接收有着这样或者那样障碍的分析来访者的能力。有些分析家可以和癔症及强迫症患者很好地一起工作，有些则不接待精神病人，或者有些不接待有点健康过头的人。诚然，其中有个人的方式，但这并不足以解决一切。

在儿童精神分析活动中，不同结构或症状之间的区分往往被忽略。孩子越小，他就越有各种严重的神经症、精神病、倒错。这是梅兰妮·克莱茵教学里的一部分，是弗洛伊德在论述儿童性欲时所提到的多态结果之一，即一个孩子的不同身体区域有感受不同刺激和快感的能力。[1]

不过，必须满足一些基本条件才能保证分析治疗的进行。在埃吉斯特的例子中，在附楼里，这些最基本的条件没有得到满足，原因有二，且两个原因的实质完全不同。第一个原因在于我所说的“辞说”。即使埃吉斯特能够不被犯罪的野蛮想法占据，他也是一个在医院里疯掉且难以治愈的孩子。这个地方就是以最好的方式让一切保持持久，也就是说让一切维持现状。未来唯一的解决方式就是关闭这个地方。第二个原因在于孩子十一岁时经历的事件。他从那以后进入了一种别人都不存在其中的精神病状态中。镜子时刻的缺失让他不能为他者构建一个他者，无论是作为孩子面对大人，儿子面对母亲，埃吉斯特面对皮埃尔、保罗或雅克，他都做不到。这里并不是“辞说”的问题，而是结构的问题。这个孩子的结构完全是碎片状的，他似乎完全不能接受一个主体与另一个主体之间的联系。

相遇

不过，这一现实虽然不允许被治疗，但不会妨碍一定的精神分析实践。强调治疗和精神分析之间的区分让我们把重点放在精神分析家的欲望之上。只有精神分析家的欲望能支撑这一实践，是他的欲望让他创造了与埃吉斯特这样的孩子相遇的原动力。同时，还需要精神分析家不上当受骗，不迷失在自己的自大中。此刻，精神分析家需要比其他任何时候都更保持谦逊。在孤独中形成的巨大理论构建很多时候只是一种保护膜，这个膜只是为了对抗在面对这个孩子的疯狂时所引起的焦虑。这种焦虑我们必须要超越，它会把我们带到自己难以想象的事情上，即死亡，精神死亡和身体死亡。

1　参见梅兰妮·克莱茵：《精神分析评论》（*Essais de psychanalyse*），巴黎，帕约出版社，1967 年；弗洛伊德：《性学三论》，《弗洛伊德全集 / 精神分析·14》。

我决定，每次我去医院的时候，都独自接待埃吉斯特。接待的日子都定了，时间表也根据附楼的活动确定下来。这是为了构建一个类似的框架，可能在最初的时候，这一点对我来说的意义比对他来说更重大。我凭借着现有的材料临场发挥，一些铅笔、几张纸、几个玩具、方块和圆柱积木、一个洋娃娃、一些大弹珠。我发现埃吉斯特焦虑的程度可以通过他断断续续的话语表现出来。他总是问同一个问题："Que/tu/es/toi/c' est/quoi/ça"（你是谁，这是什么。）如果说句子的结构是问句，那么往往也是发音单调，缺乏语调。遭受了他的暴力后，我很快就明白了我得在会面之前摘掉眼镜。当他看我的时候，是为了向我扔东西。那时我就要抓住他的手腕，他低下头，看着地说"c'est/quoi/ça"（这是什么情况），可能这是他在类似的状况中经常听到的一句话。他用积木搭起高高的建筑，然后打倒。会面一次接着一次，重复着。时间似乎停止了。只有在梦里我才能看到埃吉斯特像一个十一岁的小男孩一样行动。不过，我在接受他的焦虑时并非没有意外。我的两个手指被门夹了，停在医院门口的车开不了，我试着修理的时候弄坏了一个零件，在我手里折坏的眼镜，奇怪的扭伤，这些都是我对埃吉斯特和他的同伴所经历的事情的回应。至少，以这种方式，时间没有停止。

几个月后，埃吉斯特了解了和我会面的时间和日子。在附楼里，我以同样的方式接待了其他三个孩子，埃吉斯特意识到他要在哪个孩子之后来见我。通过弹珠游戏我们建立了一些来往，他不再往我脸上扔东西了，我们滚弹珠玩。他滚给我，我滚给他。之后，我们可以一起搭积木了。再然后，埃吉斯特可以接受让我们搭好的积木立在那里而不打倒。当然，所有这些都是通过语言完成的，通过我对他说的话完成的。一段时间之后，我也可以和他说说我们，他也可以听我说话了，只是一开始的时候，他会把他的手贴在我的嘴上。"今天你迟到了。今天早上我要戴着我的眼镜。我看到你手臂上有个绷带。"这些句子看起来琐碎，但是他有回答，这些句子不再让人心烦。

好多年里，直到我离开医院，我都有规律地和埃吉斯特见面。结果并非特别了不起，小男孩没能找回可以被我们视作正常的状态，但是他的存在方式中出现了一些变化。护士们注意到他没有以前那么焦虑和暴力了。然后，有一天，他不再打碎汽车玻璃了，他又可以在医院里散步了。可以肯定的是，他的状况变好了，因为有周围人的照顾，有化学治疗，但是我保留了一个幻想——那些与他的会谈，在他的好转当中，并非无足轻重。

我可以确信的是埃吉斯特体验了与他人对抗的焦虑，他在我这里也激起了我的焦虑，但我没有通过一种辞说来否认、转移这种焦虑，也没有通过评判、通过把这个孩子锁在某个形象中让这种焦虑消失。因此，我们的会面可能很难进行记录。也许可以使用一些理论架构，但这里不是使用这些理论的地方。我们有过一些关于镜子阶段的发现，我们或许也可以发展埃吉斯特的妄想姿态，或者他停留在施虐—肛门期的情况，重点在于这些分析不会转变成另一种“辞说”。躲在理论之中也可能成为对精神分析家焦虑的保护。和埃吉斯特的工作，是在治疗性中（或者说框架之外）的精神分析实践，这意味着病人和分析家之间保护性辞说的缺失。与关于埃吉斯特的辞说保持距离，以及与辞说因焦虑转递而带来的那些后果保持距离，是精神分析在通常条件下进行自由联想的另一个侧面。

封闭的辞说和戏剧的辞说

封闭的辞说与戏剧的辞说之间的区分是一个与临床直接相关的区分。[1] 封闭的辞说是凝固的，客观的。即使封闭的辞说，由父母说出，这些辞说也尽量以一种无人称的有学问的方式进行表达。在

1 莫德·马诺尼（Maud Mannoni）：《孩子，“病”和其他》（*L'Enfant, sa "maladie" et les autres*），巴黎，瑟伊出版社，1967 年版。

埃吉斯特的例子中，除了评判，我们从这一辞说里其他什么都不知道，这可谓“从天而降”的辞说。从这个辞说开始，一切都是连续发生的，从封闭的辞说到封闭的辞说。埃吉斯特最后要面对的就是一个封闭的现实，也就是附楼的封闭空间。这个孩子的故事和他的家庭故事一样，僵化了，消失了，逃跑了。我们这里面对的是一个关于封闭的辞说的典型范例。在这样的辞说里，没有任何一个主体亲自对临床工作者说话从而实现一次请求。坚持这一辞说的人处在被人所知的位置，那是一种毫不容情的科学，一种分析家无法还嘴的辞说，否则就会面临着关于辞说的一种暴力。人们完全无法接受这一暴力。至于埃吉斯特，如果可以这样说的话，他无人照顾的好处就在于封闭的辞说的当前主角——社会医疗和照料机构——不用承担任何风险。这些机构如此强大，因此它们不用冒什么风险就可以接受所有质疑的存在，忍受一定程度的游戏。在这一缝隙之中，我们得以和埃吉斯特一起进行调整。但是有些人坚持认为埃吉斯特的康复，是药物和医院的围墙支撑着的。不过，谢美发现自己被关在一种凝固的双亲辞说之中（参见第三章）。在离开了精神分析家去社会医学中心之后，除非是强制性的治疗咨询，这个小姑娘拒绝参加父母都不参与其中的咨询。我从来都不知道真正关键的因素是什么，这些因素在这个家庭中太过根深蒂固，以至于谢美的父母亲不能忍受他们女儿的提问。她反抗，但是并没有上演闹剧，只有一些争吵。反抗除了导致父母认为她必须得到管教以外没有得到任何回应。

戏剧的辞说富有深意。接受这一辞说的人同时也接受提问、焦虑，接受不存在显而易见的答案，接受如果想绝对了解就会产生的苦恼。戏剧的辞说质疑提出辞说者的地位。这也可能通过揭露被掩盖的、忘记的、没说出来的或者不愿意再次经历的事情实现。而戏剧的辞说，就是安德罗玛克的父亲在回来见我时所表达的辞说，他告诉我，他希望忘记他的妹妹，但是无论如何她都一直萦绕在他的脑海里（参见第一章）。这一辞说揭露出他人生的一部分，特别是他的幻想，安德罗玛克真实的症状于是得以浮现。安德罗玛克的第一位心理治疗师提出一个已经成型的理论来回答和解决她的恐惧，因此在这种情况下，父亲关于小女孩的戏剧的辞说在任何时候都不可能出现。倾听应该通过接受他人的焦虑和不安开始。正是在这一维度上，戏剧的辞说对说出者和倾听者来说，都同样重要。否则，每个时刻都可能会凝固戏剧。戏剧的辞说和封闭的辞说相对，这是因为戏剧的辞说认定无论症状的维持可能带来怎样的舒适感，真相的浮现都比症状的维持更重要。继发性获益应该被忽略，分析中的得失才能被完全接纳。

青少年期

人生中有一些阶段比其他任何阶段都更可能遭遇封闭的辞说。特别是被我们定义为“青少年期”的这一个阶段。如今，青少年期被认为是一个可以谈论生活的年纪。“青少年期”也被用来解释这一阶段青少年的行为。在十三四岁到十八九岁之间，男孩和女孩的症状很容易和“青少年期”这个阶段联系起来。这个阶段甚至包含了之前的一个阶段。先一青少年已不再是小孩，而是在等待青少年到来的那些人。从语言上说，英语里的“teenagers”是指从 thirteen（十三岁）到 nineteen（十九岁），即十二岁之后和二十岁之前都属这个阶段。在它当前的跨度中，有个现象是新近才有的，历史学家[1]注意到，在当前，青少年（adolescent）和年轻人（jeune）这两个概念混淆了。“adolescens”（拉丁语“长大中的”），是 puer，即稚嫩阶段之后的状态。这是一段非常短的时间，紧跟在发育期之后。这个阶段继续发展，并且几乎和 juvenis，即年轻人阶段，首尾重叠。这一年轻人阶段可能开始得很早，女孩

1　参见乔万尼·勒维、让-克劳德·施密特主编：《西方青年史》（*Histoire des jeunes en Occident*），巴黎，瑟伊出版社，1998 年。

是十四岁，或者十二岁，并持续很久；直到结婚，直到在社会当中找到某个地方安置下来，安置在属于战争的、宗教的或者世俗的位置。这一阶段可能一直持续到三十岁之后。

诚然，我们不再处于旧政权下，就分析实践而言，青少年期的优势在于引入一些杂乱无章的东西，但这些杂乱无章的东西会让凝固着的辞说更为容易地表达。青少年阶段本身紧接在发育期之后，是发育期的直接后果。与性成熟相关的身体变化，不管是不是早熟都发展得非常快。内在的变化和第二性征的出现让一个小姑娘成为一个女人，一个小男孩成为一个男人，这些变化非常突然，会让我们想到危机、断裂、与儿童时期的告别。这种突然性，我们可能会自在地接受过渡，但也可能会伴随着混乱、不自在，这种混乱往往会让经历这一阶段的人体验一系列的症状。所有不能被接受和解决的儿童时代的事情，特别是孩子和父母之间的情感关系，可能会以一种症状的方式重新出现。会有性的现实问题突然涌现，性的问题现实化是有可能出现的，不过并非一定会出现。但是，青少年与客体的欲望关系是会改变的。我们可以知道，正是这一点在青少年阶段发生作用，也是这一点成为精神分析家工作可以开展的潜在动能。

通常来说,因为这个危机时段最大的特点就是转变的速度很快，主体在孩童和成人姿态之间来回往复，精神分析家不会按照惯常的方式接待青少年。最常见的情况是不强制规定会面的时间，也不需要按以前的方法制定一个固定框架，更多的是一些聊天。根据年轻男孩和女孩的要求，时不时地见一下，这些会面可以帮助他们在新的身体里、新的存在状态里找准自己的位置。在这个层面上，对巴斯亚诺来说（参见第二章），治疗的关键并非与青少年阶段相关，因此我向他提出了固定的会面时间。在青少年阶段，问题甚至可能独立于青少年危机之外。人们并不总是明白这一点。

因此，青少年阶段要和年轻人阶段进行区分，虽然这两个阶段部分重叠。在我看来，这对精神分析实践至关重要。“年轻”是一个社会标准。它的定义、它的模式、它关涉的年龄段，因历史、社会阶级的不同而不同。这是学习和懒散的阶段，游荡和建立团体的阶段，一个主体进入这一阶段的方式完全取决于一个社会在某个历史阶段对待年轻人的方式。当我们用“青少年”这个词语来给某个群体命名时，对精神分析家而言，这是问题的一个出口，精神分析家会借助于“青少年”这个说法来说明他没有必要参与其中。当一个成年人被年轻人打扰，他很轻易就会重新回到青少年（ados）的气馁状态，就像我们从这个词语中感觉的那样，我们能真实感觉到他的背上（à dos）负载满荷。年轻人，就是不会自我照顾的人。当一个年轻男孩或女孩乐于贴标签，乐于参加狂欢派对，抽点大麻，甚至试着进行一些危险活动时，这并不是他们需要进行精神分析的标志。当一个主体离开世界，躲进大麻卷或者通过震耳欲聋的电子乐掩盖自己的焦虑，心理临床工作者或许可以帮助他。这里涉及的症状，也同样包括厌食、赧颜恐惧（éreuthophobie）、食欲过盛、过度害羞。但是这些并不会和青少年阶段的特征混淆，青少年阶段的特征与这些不同。

伪装

我一开始和方达西奥相遇的时候，虽然他的父母非常具体地和我描绘了他的外貌，我还是不免惊讶。这个十五岁的男孩子头上有着一个绿色渐变的发冠。他的头发，周边剃光了，其他的则在脑袋中间扎起来并染成绿色。右边眉毛上有个很扎眼的穿孔。我们的会面发生在几年前，当时在眉毛上穿孔的人还不多，这是我第一次看到有人这么干。我接待过的另外两个有穿孔的来访者，一个在嘴巴下面，一个在左鼻孔，但那时穿孔已经比较常见了。方达西奥穿着灰砖色的宽大衣服，遮住整个身体。我的注意力一下就被吸引到他脸上，然后注意到了他诡异的发型，他的发型会让人们的目光向天空望去。但和人们的想象相反，这是一种伪装打扮。身体在衣服下消失了，他人的目光被镶在男孩脸上的金属小圆球吸引，然后又转向头发。因此，想要认识方达西奥就不应该被他的外表吸引全部注意力。我发现他有张开放的脸，带着笑意，眼睛里有点顽皮，就好像小男孩很开心来找我玩一样。

他的父母一段时间之前给我打电话商定见面事宜。就像我通常面对这个年龄的孩子一样，我要求他们和儿子一起决定谁来第一次会面：他，或只有父母，或三个人一起。方达西奥不想来，因此我第一次见到的是他的父母，那次会面发生在我见到方达西奥之前一周。他们并不是真的非常担忧，只不过方达西奥所上的学校要他们来进行咨询。方达西奥和班上的同学发生过一次口角，所以G先生和G女士被叫去学校。机构负责人对他们说，他们儿子的外貌表现出了他内在的心理困扰。有两三个孩子通过这样的外貌来体现自己与众不同，但是方达西奥是最古怪的。正是这个引发了口角，有些学生排挤他，嘲笑他的头发。于是，G先生和G女士和我描述了他们孩子的长相，同时也补充说大部分时候他在学校不会戴穿孔环。对他头发颜色和形状的描述也没有我后来看到时所感觉到的那么惊人。染发其实问题不大，主要是用了彩色发胶。方达西奥的父母完全知道他们孩子的行为，并非完全赞同，但是听之任之。他们都是职业生活非常忙碌的成人，做生意要从一大早忙到很晚，有时候周日也要工作。

在会面进行了一段时间之后，G女士表达了她对于儿子态度的遗憾，她问自己这背后是不是隐藏着什么困难。她和儿子之间从没有过很深的默契，她觉得自己和他的妹妹、自己的第二个也是最后一个孩子更亲近。她不喜欢儿子的朋友们，那些男生女生打扮得和他一样。他们只有五六个人，也不能算组成了一个真正的团体，但是经常聚在一起。她也害怕自己十二岁的女儿会模仿他们。最后，她表示，学校要方达西奥来见心理治疗师，她没有什么不高兴的，因为她也觉得儿子的行为并非完全正常。但除此以外，这是一个和善的男孩，没有什么特别的问题，并且乐于助人。G女士承认很早以前，她就让孩子想做什么就做什么。她和她的丈夫都不怎么在家。G先生话很少，他觉得情况没那么严重，并认为这只是年龄的问题。青少年时期，问题就来了；长大以后，问题就走了。我们就我见方达西奥达成了一致。虽然那天他不愿意和父母一起来，但他其实并没有拒绝之后与我相遇。其实，他也从来不反对任何事情。

和善的男孩

于是，一周之后我见了方达西奥。在我刚才描述的见到他时的惊讶之后，我们开始了谈话，把他父母的要求总结给他听。他什么也没添加，什么也没纠正。不过，当我问他是怎么看待他来我这里的原因时，他开始了一种对不宽容的猛烈抨击。他告诉我说他就喜欢自己现在的样子。他听从了学校的要求，没有戴自己的穿孔环，虽然他觉得这种规定完全是愚蠢的。“他们怕什么呢？”无疑他提出了一个好问题。在我们的会面里，我听到的就像在他父母话里听到的一样，除了因为这个青少年的奇装异服导致的恐惧以外，我没有听到任何其他的原因。可能这个原因也是他在找寻的东西。不管怎样，我觉得他想让别人害怕的欲望远不及表现出自己个性的欲望来得强烈——而且同时在其他方面还要尽可能地保持和大家一致，也远不及在表现自己的同时还要仔细地藏匿自己的欲望来得强烈。我们正处在困扰青少年问题的中心。

我没有看到进一步参与其中的任何理想方式。方达西奥的父母没有强调主要问题，虽然他们的生活方式肯定对他们儿子现在的态度造成了影响。他以一种特别的方式度过了青少年时期，这种方式体现了他的价值观和父母价值观之间的不同，但是这种方式并不能表现出男孩人格中存在的某个深刻或者轻微的困扰。与方达西奥的会面到此为止。我告诉他，如果他想来可以随时再来，我还要他把这些告诉他的父母。不久之后，他的母亲给我打电话说她赞同这样的方式。不过我拒绝她的请求——她要我写一些东西给学校。我认为在必要的情况下，G 先生和 G 女士完全可以自己解释情况。

精神分析家应该反抗普遍辞说。可以肯定的是，方达西奥是一个值得注意的主体，他可以教给我们很多与青少年相关的东西。此外，他本人也准备了玩信息游戏。在我们会面时我发现了这点。他在跟我解释他行为的原因时表现得非常幸福，我们完全可以进一步探讨，一起解读当代和过去青年人的行为方式。和他一起，我的确学到了很多有关穿孔的知识，穿孔在有意识的层面上作为一种认同标志，在无意识的层面上作为一种伤痛标志、身体形象的一部分。我们也可以试着理解发型的意义，这是一个在很远处就可以被认出的标志，可以将没有这样发型的人隔开，将有这样发型的人聚在一起。可能我们会对发型感兴趣。身体外部生长的头发是一个突出的部分，而我们可以毫不难受地剪掉——这是一种确定性的阉割。一个人生和死的碎片，总是被用来分辨拥有它们的人，总是被视作一种打扮。和方达西奥的几次会面，让我们的知识更丰富了，不只对他，对我来说也是一样。

精神分析家不是学者

和人们想象的相反，精神分析家们并不追求知道一切，包括他们的病人在内。他们只听到这些人想和他们说的，只听到移情引导进他们耳朵里的。“什么都说”（tout dire）的命令，说出所有出现在脑海中的东西的命令，和“说出所有”（dire tout）的命令不一样。精神分析的临床中，没有学者寻找的完全性。因此，精神分析家并不是普遍意义上的学者。他的知识比较像柯南·道尔在第一次向我们介绍主人公时赋予夏洛克·福尔摩斯的能力。“我觉得他解剖学知识还挺丰富的，也是第一流的化学家；但是据我了解，他从来没有接受过正规的医学知识学习。他的学识不连贯又怪诞无比，但是他积累了一堆不寻常的知识让教授们震惊！”[1] 精神分析家同样如此，积累知识从而形成学识的事让别人去做。历史学家、人类学家、社会学家、医生和哲学家永远都比精神分析家更有学识。一旦精神分析家身处这样的情况——其精神分析的会谈有转变成课程或人类学调查的危险，比如说在方达西奥的例子中，那么精神分析家就必须结束分析。精神分析的维度必须被维护。方达西奥不在精神分析请求之中，也没有理由来这里，什么都不能预示他明天将会来这里。一个错误情况下进行的精神分析，即使只有几次会面，以交换知识为借口，带着满意的自恋，都可能会影响之后重新开始的治疗。必须完全抛弃对知识的自负。这并不是什么奇怪的事情，最初几次的会面会完全改变人们对想象的精神分析“工作”的看法，特别是它在青少年阶段能建构什么。特别是有些成年人来进行咨询，是因为他们在青少年期被精神分析家接待过。当一个主体对精神分析家说，在他十七或十九岁时，他和某个医生或 X 夫人一起“工作”过，那么这个精神分析家就要小心了。如果说做一名精神分析家是从事一份职业，而这个职业是两个人分享彼此的知识或者为某个结果传递一些知识，这个说法并不正确。精神分析并不是一个工作。分析活动更多的是一种艺术，并且是从艺术这个词的典型意义上来说的。

一个乖巧的小女孩

和伊莱克特一起的分析实践没有任何的模棱两可。我从来没有见过这个小女孩的妈妈。有一天我在电话里听到了她的声音，她对我说，她想让十四岁的女儿来我这里，她有些青少年的问题。她并不想见我，伊莱克特想一个人来，她一股脑地跟我这样说。

1 柯南·道尔：《血字的研究》，同前，第 7 页。

对话很简短，语气比较客观，但是请求非常明确。我们约定了见面。伊莱克特来了。这是一个又高又瘦的小姑娘，长长的头发很服帖。她穿着寄宿生的衣服，海军蓝的短裙，白色衬衫，灰色套衫，没有任何细节表现出校服是改过的。她本人也非常乖巧，只是眼神非常深刻、有力且坚定。她来的时候我脑海中浮现的年龄不是她现在的年龄。一段时间之后，我意识到这个年少的十四岁小姑娘看起来几乎只有十二岁。发育期没有在她身上留下痕迹。伊莱克特告诉我说，想要来是因为之前她在一个朋友家崩溃了。她难过了一阵子，也不知道为什么，那阵子常会哭成泪人。她妈妈的朋友是个精神分析家，建议她来看我。H 女士，伊莱克特的妈妈，同意她来。

接着伊莱克特讲述了她的故事。这个故事就像一个包袱，她必须先把这个包袱卸下来。我了解到，她不认识自己的父亲。她是 H 女士唯一的女儿，在母亲一段短暂的爱情之后出生。H 女士的情人一知道她怀孕就跑掉了。没有照片，没有名字，没有任何与这个男人相关的信息。H 女士再也没有过长期稳定的情感关系。伊莱克特觉得她妈妈有些艳遇，她看到一些男人到家里来，但是他们从没有在家里过夜。用精神分析家的话来说，就是父亲的形象没能从一个实实在在的父亲身上建立起来。她有一个外祖父，但是外祖父母住得比较远。他们很好地接受了伊莱克特，但这是他们第十个孙女——当时他们的孙辈有十二个人。她觉得自己只是一群人中的一个。H 女士有四个兄弟和一个姐妹，家里人数众多。H 女士和她女儿的生活到目前为止都没什么问题。她们从来没有搬过家，母女关系很好。母亲和女儿之间没有什么大问题。女儿总是在宗教学校上学，成绩不好也不差，刚好是平均的水平。伊莱克特几乎不记得自己的童年。但她总是记得一个小朋友，她在幼儿园时认识的，她们是特别好的朋友，持续了四五年的时间，但是之后那个朋友离开这个地区，于是就消失了。她那时候很喜欢去朋友家玩，朋友有一个真正的家庭，父母都在，还有一个哥哥和一个姐姐。她这样和我形容朋友家。但是她也觉得回家，回到安静中很开心。伊莱克特把自己描述为一个更喜爱孤独，喜欢一个人待在房间里的孩子。她一直都有很多朋友，但她时常觉得自己被朋友们吞没。

过分谨慎的母亲

会面继续，我们没有固定会面的时间，但她基本上一周会来一次。伊莱克特在会面时非常积极地参与。她所描述的那些故事的内容很平凡或者说很平庸，但是这些故事似乎在她身上产生了很重的分量，这样的落差让我很惊讶。一段时间之后，伊莱克特和我说起她妈妈的一些“怪癖”。必须要强调“怪癖”一词在日常生活中与医学用语意义上的巨大差异。在现代心理学语言中，“怪癖状态”是一种“兴奋状态”。这种状态可能因为循环精神病的抑郁阶段不同或是两极困扰而交替出现。这里，伊莱克特用这个词是为了在通俗意义上表示习惯性的夸张，表示妈妈过于谨慎。这些小怪癖超出一定的范围就成了强迫神经症状，就和我们如今说的强迫行为障碍（TOC）、克制不了的动作、洗手和洗澡的冲动、摆脱不了的想法、不停地确认、说出违背意愿的话、不同的仪式等一样。对一个人来说，这样的生活就可能成为地狱，对他周围的人来说也是如此。出家门的时候要确认四遍门锁了没有，然后确认三遍电关了，煤气关了，还一定要按这个顺序。于是我们明白，这些仪式性行为的增多，是为了更容易地控制遭受这样仪式的人。那些亲人本身也是这些强制的囚徒。当完全不可能跳过这些仪式时，每个人都要耐心地顺从并理解，等待确认完成，三遍关煤气三遍关电，四遍关门，才能出门。反抗很快就显得难以实现。这个人可能会动弹不得，会在发现不能控制自己的时候生气。他还是会出门，但可能会走出五百公里以外再回头，为了让一切以正确的顺序重新再来一遍。他这样做，好过让自己感到完全被焦虑淹没。

一个小孩子，面对这样的行为，通常都没有能力发现其中的症状特点，只要大人不告诉他，想保护他，并试着隐藏这些行为。他平常生活在单一的房子里，不会想到在其他地方有不同方式的生活。对他来说，习惯在哪里应该都是一样的。当然，随着时间的流逝，小孩子面对自己同学、邻居、亲人不同的生活方式，发现情况有所不同，但是长时间以来标准都是自家的标准。要好几年他才能明白他们家出门前他妈妈要求他们完成的复杂程序其实反映了她的困扰，否则没有办法使这种强迫辞说相对化。这就是伊莱克特碰到的情况，她独自和妈妈生活，她们的生活是孤单的。最开始的几年完全没有他人标准的冲击，H女士的怪异行为在她看来是世界上所有人都会这样做的行为。最早的对外界的放开就是伊莱克特认识了她幼儿园朋友的时候。那时她在另一个家中发现另一种没有强烈限制的生活方式。因为伊莱克特告诉我，她妈妈的生活方式是一种侵略，这种强迫一点点渗入日常生活。所有东西都必须保持原位，以毫米为标准，奶嘴或花瓶最微小的位置变动都不能被忍受。按时吃饭，甚至以分钟计算；固定时间，每周同一天吃的东西也一样。伊莱克特如今既发现妈妈表现出超强的控制欲，也感受到自己不再能忍受这点。直到那时，她在家里的自由时间，也就是她从学校放学回家到她妈妈回来的这段时间，对她来说是够的，但现在她不能接受了。

走出童年

的确，与她妈妈在电话中和我说的一样，是青春期的问题让伊莱克特心神不安。不过，这些问题来源于H女士无法看到自己女儿将成为一个年轻的女人。强迫神经症是和死亡在战斗。如果我们已经死了，我们就不用再冒任何风险，而我们比死亡更强。不过，所有生的改变都是一种风险，而对一个母亲来说会有哪一种比女儿的发育风险更为强烈呢？最好保持距离，最好否定。这样，一段时间过去，伊莱克特发现母亲无法将她看作一个年轻女孩。一些关于衣服和内衣的细节、某些时候的保护措施，在她看来，可以通过来见我，在和我的讨论中完成。这可能会让人惊讶，因为她这样把自己托付给一个男人，一个精神分析家。但是似乎从第一次见面起，移情关系就已经把我放在了母亲的位置上，因为我是她朋友母亲的代替。另外，这位朋友的妈妈还扮演了不容忽视的角色，因为她之后和 H 女士见面并建议她进行心理咨询。H 女士之前从来没有做过咨询。虽然她有些犹豫，但在我开始见伊莱克特之后几个月，她去见了一位精神病医生。

两年间，从十四到十六岁，伊莱克特一直来见我，但我们一直都没有固定的见面时间。有几个月，她频繁地来，每周一两次。有的时候，会面间隔比较长。重要的是她可以以自己的节奏度过她妈妈拒绝直面的青春期。在会面中，她的人生在她幻想的维度呈现。问题在于爸爸的缺席，但是我们也发现了外祖父母对情况的错误接受。他们的伪善加剧了 H 女士的罪恶感，她把这种罪恶感投射到伊莱克特身上，让她成为一个过分乖巧的孩子。一些改变进入了伊莱克特的生活。她从母亲那里拿到了一张父亲的照片，但是她还是不知道他的名字。然后她知道了名字，因为男人想要隐瞒姓氏。然后她终于挥别了儿童的外貌，成为一个年轻的女士。我有一天看到她穿着同样的灰色和蓝色的衣服来见我，但是她穿出了一种性感。我离开了母亲的位置，她发现了自己的诱惑力。她刚刚和一个稍微大一点的男生确定了恋爱关系。在班上，她有时候成绩差一点，有时候好一点。她的不稳定让人担心，但是她表现出了对语言的极大兴趣，终于确定了自己的兴趣爱好。她开始不再接受母亲的操控，H 女士启动了在一个精神病医生那里的治疗。伊莱克特从困住她的孩童之茧中走了出来。十六岁之后不久，我们决定结束会面。

人在青春期不比孩童时期对自己能照料更多。这是一段需要穿过、需要生活的时期。主体在这个时期也比在其他任何时期都更容易被某种辞说客体化，甚至异化：关于疯癫的辞说加剧了埃吉斯特的精神病；关于青少年整体形象的辞说压在方达西奥的身上；在伊莱克特的例子中我们也看到了一些封闭的辞说的元素。精神分析家特别应该让自己见到的年轻男孩和年轻女孩能够摆脱困住自己的辞说。精神分析不只是一种实践，它可能也表现出一种位置和一种功能，精神分析家的位置与功能就在于不能容忍辞说中的任何虚情假意。

第五章

创伤小说

“在你小时候，很小的时候，在你妈妈肚子里的时候，大家说要坐船去见外公。大家从来没有见过他。但是后来，我们再也没有提起乘船旅行的事情，你的爸爸和妈妈很痛苦，因为你的外公再也没有写过信。”

边说着这些话，弗朗索瓦兹·多尔多边倾向我：

“我说的这些，很有可能没被听进去，但是我感觉我可以这样说。”[1]

弗朗索瓦兹·多尔多在特鲁索医院

维罗妮克是一个四岁的小女孩，她被人送来巴黎特鲁索医院见弗朗索瓦兹·多尔多，因为她拒绝说话，同时也常常拒绝吃饭。精神分析家贝尔纳·蒂斯参与到这次会面之中，记录了心理治疗的全部会面内容。无论哪个时期，参与到这次精神分析咨询中的每一个人都在贝尔纳·蒂斯的文本中看到了弗朗索瓦兹·多尔多临床工作的风格。

我们已经知道，维罗妮克母亲在怀孕的过程中不得不在丈夫和六岁长子的陪同下准备出发去非洲，去那里定居并和自己的父亲重聚。公寓卖了，维罗妮克的爸爸辞掉了自己的工作，船票也订了。

1 《维罗妮克……沉默女孩》，第 16 页，贝尔纳·蒂斯（Bernard This）1957 年在特鲁索医院为弗朗索瓦兹·多尔多做的笔记，复印讲义，未出版。

但是产科医生要求等维罗妮克出生之后再走。因此，这次旅行推迟了三个月。接着，在小姑娘出生以后，在大家重新开始规划旅行的时候，不知道为什么，外公再也没有任何消息了。行程就这样取消了。虽然维罗妮克的爸爸能再找工作，但公寓卖了，家具都送人了。维罗妮克的妈妈对孩子外公的了解仅限于通过大使馆得知他一直还活着。四年来她一直睡得很差，一想到这件事情就几乎要哭出来。

弗朗索瓦兹·多尔多的咨询分为四次会面，在最后一次会面上她说出了刚刚我们读到的话。之前的会面尤其注重小姑娘吃饭的困难。爸爸和妈妈在这个问题上的反应并不一样，利用这个冲突，维罗妮克希望她的父母分开。精神分析家建议他们两个人都要努力解决吃饭的问题，不过她是分别和他们两人说的——这样就不会引起他们的冲突。多尔多让她做了一个花娃娃，当作象征性的付费。同时，这里也涉及小姑娘面对哥哥的敌对问题。小女孩忍受着因为没有阴茎而造成的性别差异观念的困扰。

最后一次会面和假期同时到来。维罗妮克九月就不再来了。我们知道夏天过后她说的话大家能听懂了，她进了幼儿园，而且适应得很好。“在四次会面中，发生了什么？一个小姑娘、她的妈妈和她的爸爸得到了倾听。我们通过小孩理解了她妈妈的困境，我们帮助他们承担了小女孩出生时他们经历的创伤故事，这个故事直到那时一直停留在妈妈的无意识里。维罗妮克的无意识是否只在妈妈的话语里？不。我们可以很清楚地看到……家族故事的能指如何紧密地和当前的问题相混合：缺少阴茎！这一凝固的辞说在发挥作用。……维罗妮克一直都不能上桌吃饭，直到她妈妈自己能够‘上桌’，即表达出她自己经历的创伤——女儿维罗妮克出生后她自己父亲对她的抛弃。”[1]正是这样，贝尔纳·蒂斯总结

1　同前，第18—19页。

出了特鲁索医院会诊的记录。

维罗妮克来到世界时，母亲经历的创伤体验使小女孩的无意识辞说变得复杂，从而形成了这样那样的症状。精神分析家从来没有把维罗妮克揭露的事情当作分析治疗的最后话语。这不像是魔法杖一挥，不是单凭一个解释就足以立刻说明一切和解决一切的。不过，相当数量的人都在弗朗索瓦兹·多尔多精神分析观念的传播中记住了要说出一切的必要性。无须询问，就像她在这里所做的一样，在要说出的时刻，说出“所有”的意义。这样一个方式彻底厘清了弗洛伊德关于心理创伤主体的发现（心理创伤不同于在现实中经历的暴力创伤）。创伤只在事后才有意义。

事后（l'après-coup）

这个“事后”的概念是精神分析原动力中非常关键的部分。这个概念和人尽皆知的事情背道而驰。这个概念无视常识，“这一行为如此暴力以至于孩子将永远受到创伤”，或者相反，“既然孩子不懂，就对孩子没有任何影响”。十八个月大的小男孩，弗洛伊德的“狼人”[1]，发现他的父母正在做爱，但是他不懂发生了什么。他既不是盲人，也不是没有知觉，但他不知道问题所在。不过几年之后，即事后，他会赋予这件事情以意义。正是在这个时刻，以前目睹的场景进入了创伤范畴。孩子用此时能够理解的东西来阐释彼时看到的场景。这对他来说并不一定是爱情的表达，四岁的男孩更多感受到的是焦虑。谈论“事后”并不是说要对创伤现实的理解带有延迟，而是强调一个事件或一个场景在第二次体验时才成为创伤。这些事件或场景发生了，然后在很久之后，他们成为孩子幻想的一部分。维罗妮克出生时发生的事情只在事后成为创伤，即她四岁时，维罗妮克的出生才成为当前问题的一

1 弗洛伊德:《出自一个幼儿神经症的病史》(《狼人的历史》[*L'homme aux loups*])，《弗洛伊德全集 / 精神分析·13》。

部分。维罗妮克的故事是一个典型例子，她自己的口语表达和性别差异的问题让我们看到她出生时经历的创伤如何成形，这一创伤让她闭上嘴巴。

在儿童精神分析活动中，精神分析家奠定了使得逻辑时间和持续时间得以区分的基础，在成人精神分析活动中更是如此。持续时间是年代学上的时间，是时钟上的时间。而逻辑时间是无意识的时间，可能混合好多个时代，从而界定一个症状。比如，在维罗妮克的例子里，她出生的时间和她四岁的时间混淆起来，使她闭上嘴巴。无意识不在乎现代时间范畴中的时间，遥远经历的记忆和当下现实有一样的敏锐度。不过，一个成人产生出一种关于自己过去的客观知识，这让他得以拥有可以区别持续时间和逻辑时间的坐标，这甚至可以被视作告别童年的标记。因此，精神分析家关于孩子的态度不应该在于让他成为成人。治疗的原动力不在于揭露关于时间的客观知识，因为这同时也是创伤的。分析话语不会和任何一种对事实的揭露相混合，有的个案当中似乎有这样的情况。

什么都说

当我和一个五岁小姑娘芙罗琳的父母见面时，我见到的是一对有那么一点局促不安的夫妻。他们在经历了和“您的一位同行”的会面之后来到我这里。他们还告诉我说，他们在那个人那里持续了一个月的咨询会谈。I 先生和 I 女士是这个亚裔小女孩的年轻养父母，五年前，他们在小女孩出生国的一家孤儿院里找到并收养了她。所有的手续都非常标准，他们从来没有向芙罗琳隐瞒她是收养的。在此之前，这个小孩都没有显露出任何问题。突然间，约三个月之前，芙罗琳开始不愿意上学。她变得很具攻击性，对什么都说不，特别是面对妈妈的时候。她常常掉眼泪，也经常焦虑不安，很难安慰。一个细节让她父母很为难：芙罗琳坚持要给她的黑发染色。

所有这些现象都是突然出现的。I 先生和 I 女士对此非常担忧，于是当学校警告他们的时候，他们决定来进行咨询。

之前和他们会面的人坚持要他们从第一次会面起就和女儿一起来。我记得当 I 先生打电话给我，要和我约见面的时候，他坚持第一次来的时候只和他的爱人一起过来，不带着他们的女儿。当我和他说我同意这样的会面方式时，他似乎松了一口气。当我们的会面进入另一个阶段的时候，I 先生约定见面时候的那种坚持又重新出现在我的记忆里。

芙罗琳的父母向我简单介绍了他们女儿的困扰之后，I 女士跟我说："我们必须给您说一件事情。"于是，她具体地和我叙述了别人告诉过他们的事情：芙罗琳从出生起就被抛弃了，大家都不知道她的父母是谁。但是他们在办理收养芙罗琳的手续期间，发生了一件事，那个时候芙罗琳大约有十天大。他们不太确定那是一个护士还是一个助产士，总之一个女人向他们吐露说遇见了芙罗琳的生母。她那时告诉他们那个女人有皇室血统，不得不抛弃这个小孩，因为这个小孩是婚外恋的产物，她的丈夫、一位身居高位的政治人物在国外长居期间，她在国内生了孩子。至于芙罗琳的父亲，他是那个国家另一个王储家庭的后代。给他们透露内情的女人还补充说孩子的生父和生母都非常年轻、貌美、有钱又有权势。因此芙罗琳将会很美，考虑到她的出生，要好好照顾她。然后那个女人就消失了，I 先生和 I 女士再也没见过她。他们和她没有其他任何联系，后来他们才想起来，他们甚至不知道她叫什么名字。可能她和他们说过自己的名字，但因为是个亚洲名字所以没记住。那个秘密瞬间让他们感到为难，他们不知道怎么办才好。不过，接着要办的手续，加上回法国的行程，特别是抚养婴儿的活动和他们赋予她的爱，很快就让他们忘记了这个故事。他们没再管这些故事，彼此之间也没再提到这件事。直到芙罗琳最近表现出一些困难，或者更准确地说是直到在"您的同行"那里的会面之后，这个事情才再次被想起。

我的这位同行，从第一次会面起，就同时见了芙罗琳和她的父母。他坚持要I先生和I女士讲述收养的具体情况和完整过程，什么都说，什么都不能遗漏。小姑娘的父母认为在没有任何事先准备的情况下，透露出他们认为是秘密的内容不太合适。I女士试着反对这个过程，但是她的丈夫觉得必须要听从这个“什么都说”的命令。因此，I先生在芙罗琳面前说出了今天他爱人对我说的事情。会面到那里就停止了，再也没有下一次正式会面。I先生和I女士在这次会面后感到惊慌失措。我通过他们对我说的话感受到他们有一种罪恶感，既有背叛秘密的罪恶感，也有到那时为止在女儿面前闭口不提的罪恶感。而这些坦白没有给芙罗琳的行为带来任何效果。不过，一段时间之后，I先生和I女士就对之前的咨询感到愤怒，特别是I女士。她拒绝再去见原来的精神分析家。她指责他在强迫她丈夫说出秘密之前没有和他们沟通。她感觉被操控了，而且还没带来任何好处，因为他们的女儿没有任何改变。正是在这样的想法中他们联系了我，他们不想再和之前的精神分析家打任何交道。

一道指令

发生了什么？“什么都说”的指令在这里是野蛮精神分析家的命令。这不是解释性的，就像我们和贝热尼丝妈妈一起看到的风险那样（参见第一章）。这不仅是一种分析家的话语造成的破坏，而且也是一种没有得到尊重的时间。正是这个时间，弗朗索瓦兹·多尔多在和维罗妮克的最后一次会面时，用下面的话表达：“我感觉我能这么说。”一个话语如果没有考虑到它进入移情时间的可能性，则会带来混乱。有了这次创伤揭露，芙罗琳肯定不会有所好转。是精神分析家来辨别移情，是精神分析家感觉到那个时刻，那个可以给对方说点什么的时刻。他知道这一时刻，是因为他本人的分析经历。这是他艺术的一部分，因而他不能期待孩子已经建立了一种客观能力，从而能够理智地理解一切。多尔多坦诚地说："我说了所有，但是很有可能这些话都没被听见。"对她来说，在那个时刻到来之前就是这样。

内心的确信是建立在怀疑之上的。在分析实践中，从来没有绝对确信。这是有些分析治疗的可见魔力的组成部分之一，特别是面对儿童的精神分析。但是这里的魔力对一个精神分析家来说，取决于在分析实践中和分析来访者待在一起的能力。精神分析具有魔力的一面源于这样的事实：在精神分析中，是无意识现象参与其中，这里无意识的定义中关键的部分是：不可见。魔力不是一种依赖我们学习到的东西可以买到的戏法。有一个严重的误解，它是某种在与儿童工作中的伪精神分析实践的基石，这个误解就是通用化，特别是从多尔多的工作出发的通用化。精神分析家在治疗中的动力，成为分析家的能力，都要策略性地被忘记。"什么都说"是其中之一，我们在芙罗琳的分析工作中看到了这点。

因此，在芙罗琳和她父母重新开始的咨询中，我们要做的是试着将辞说放到他们的位置上。我们可能会在会面中询问是什么促使I先生在第一次会面中说出他在收养时听到的话。为什么他和自己的妻子有所不同，他接收了咨询师的命令？我们也可以关注这一话语对养父母带来的影响。那是一种威胁？对他们收养的否认，还是对收养的肯定？这个故事在他们不能拥有自己孩子的情况中占据了怎样的位置？这些曾在他们心中鲜活又隐藏的话语被说出来后，有着怎样的影响？I先生和I女士对于这些话语有着怎样不同的态度？可以提出的问题有很多，如果我们对芙罗琳养父母的欲望进行问询，这个清单甚至会无休无止。不过，和维罗妮克相比较，芙罗琳的无意识完全不在她父母的辞说当中。

家族小说

其实，任何精神分析都会认同，收养时讲述的故事属于一种非常特殊的幻想范畴：我们面对的是一部家族小说。对于一个孩子来说，这个小说在于想象养父母以外的父母，在于想象自己出生在一个更为高贵的家庭。对于现实来说，在于她的爸爸，或者她的爸妈不是她的亲生父母。她的亲生父母是公主的儿子、国王的女儿，那是名门望族，是伟大的人物。在精神分析的历史中，弗洛伊德界定的家族小说和幻想概念的制作有着直接关系。

家族小说是一种幻想，是有意识和无意识的精神现实意义上的幻想。在玩沙子的时候，在幼儿园的院子里，爸爸还是最强力的，妈妈还是最亲切的。他们是保护者和模范者。但是“个体在他的成长过程中脱离了父母的权威，这是必经之路中的一条，但也是成长最痛苦的道路之一……以一种普遍的方式，社会将其进展建立在两代人之间的对立关系之上……这是我们都知道的，这一任务中的失败事实造就了一个神经症类别”[1]。弗洛伊德将家族小说置于个人故事的变形之中。一个孩子脱离自己的父母，因为非常不幸运，他的父母不是理想的，不够慈爱，也不够强大。现实充满不满足。幻想让我们可以绕过这一脱离带来的痛苦。幻想活动“专心于这样的任务：脱离平庸父母并用别人来代替他们，通常来说就是社会阶层更高的人”[2]。

在弗洛伊德的时代，贵族、王子、地主是这些高贵人物的化身。在我们这个时代，歌手、演员、运动员、艺坛常青树和爆红人物都可能占据这个位子。我们知道一些疯狂的粉丝为他们而活。之后，家族小说的幻想会刺激人们对专注名人生活的一些特殊杂志的阅读，就像关于玫瑰香水的小说，所有这些都建立在相同的原理之上。这不也是让大乐透正当化的原因吗？从而每个人都想象自己可以变得有钱又出名。如果说真正的运动员知道自己将会有输掉的那

1 弗洛伊德：《神经症的家族小说》（*Le roman familial des névrosés*），《弗洛伊德全集 / 精神分析 · 8》，第 253 页。

2 同前，第 254 页。

一天，而乐透大奖的获得者则在参与抽奖的过程中总是想着自己能赢。弗洛伊德说，我们要小心那些不反抗代际差异的人。家族小说很狡猾。这难道不类似于人们交流对某个足球运动员或歌手的爱吗？或者类似于人们评论媒体上多多少少是偷拍来的名人夫妇的照片吗？

家族小说不会在青少年时期停止。这一部分和文学创作相关，传说和故事都毫无粉饰地以此为依据。每个人都可能为自己编写传说，没人能无视这点。埃克多·马洛（Hector Malot）在《无家》[1]里描绘的摩西、桑德里永、雷米[2]是成千上万的角色中三个成功穿越时空的重要人物。对于收养的孩子来说，家族小说是热门故事。这没有给这个被收养的孩子任何特别内容，但是她的构想可能被真实的印记打击，因为没有什么可以违背这一现实印记。这就是芙罗琳养父母经历的事情。那位助产士，过去和命运的传达者，提到了一个靠在睡美人婴儿床上的仙女。I先生和I女士就在这个故事中，他们来找寻一个他们一无所知的小女孩。所有的话语都和她相关，她如此迷人，因此可以作为这个现实的证明。而且，不应该忽略怀疑，正是这一怀疑将小说转变成了创伤。

一个故事

在和芙罗琳父母的会面过程中，我参与到重新赋予助产士话语以幻想维度的过程之中。这是个非常普遍的幻想，但是现在却有一种确信，我没有把这种确信的来源归咎于随便什么人。这个家族小说既不是I女士和I先生说出来的故事，也不是芙罗琳说出来的故事。这是一个很快就消失了的人的话语，我们对她一无所知，特别是不知道她是否真的知道某个真相。我发现在这个时刻，I先

1　《无家》（*Sans famille*）被意译成《苦儿流浪记》。译者注。

2　这三个人某种程度都是无家可归的人。摩西（Moïse），是《圣经》里的人物；桑德里永（Cendrillon），即灰姑娘；雷米（Rémi），是法国长篇小说《苦儿流浪记》的主人公。译者注。

生和I女士甚至不确定这个女人在收养的手续中是否起着一定的作用。她自己出现，然后消失，就像一个魔术师，只是来丢下一个好的或者坏的命运。重要的不是在这个时刻理解为什么I先生和他的妻子接收了这个话语。这可能要回到每个人自己的故事，回到每个人自己的家族小说上。重要的是，在那个时刻要看到这一话语处于一个幻想语调之中，父母没有向他们的孩子遮掩任何她故事里的真相。是什么都说的指令在现实场域中搅乱了幻想，让创伤成了现实。这只会在每个人那里引起困惑，特别在芙罗琳那里。

一周之后，我单独接待了这个小姑娘。这次会面中最重要的是再次检验初始咨询时的那些创伤式揭露，同时不降低心理治疗方式的价值。因此，需要引入主体对于这个故事的幻想维度。为此，我在我们的会面中运用了一个I女士带给我的元素。I女士从一个非常传统的大家庭中走出来，她和我说了他们怎样和孩子解释人们出生的秘密：她的父母，用以前的方式，告诉她说男孩子出生在卷心菜里，而女孩子出生在玫瑰里！我和芙罗琳说到了这些卷心菜和玫瑰。我以这些大人们告诉小孩的事情编了一个故事，我告诉她说大人们和孩子们说这个故事，是因为大人们以为孩子们不能明白。当时没有人进行会面记录，因此我不能准确地记得我具体说了什么，但是我确定我和芙罗琳谈到了家族小说，谈到了人们希望相信的、但是并不真的相信的事情。芙罗琳在听我说话。她看起来既非常专注又非常分心。一段时间之后，她直视我的眼睛。然后，好像她受够了我的无稽之谈，她对我说："你知道，无论如何，老师是坏人。我能画画吗？" 在纸上，她画了一连串一模一样的彩色的花。我和她说花和小姑娘不一样，花能够完全一模一样。于是，芙罗琳开始和我说那个时候她在学校碰到了什么事情。这个和她出生的家族小说完全没有关系。老师有一个心头宠儿，班里所有人都知道她。她不是芙罗琳的朋友，甚至算是她的敌人。她把芙罗琳当成中国人，嘲笑她的眼睛，因为这个芙罗琳有时才会拒绝去上学。她确定老师不喜欢她，因为她更喜欢那个受宠的女孩子。

竞争和嫉妒

需要好多次的会面才能理解并解决现在的问题。芙罗琳亚裔小女孩的特点是她面临问题的一部分原因，所有这些小姑娘都不太一样，就像花朵一样。不过，这和她出生及被收养的故事没有直接的联系，只是这些问题出现的突然性会让人想到收养故事。在芙罗琳面前，“说出一切”的指令混淆了状况。我们要将这个话语放在一个故事中，从而让芙罗琳可以从中抽离出来，而且在会面中，能够揭露出自己的现有幻想。这是两个女孩之间的竞争，芙罗琳和老师的宠儿，为了一个女人的爱，为了老师的爱，这个班级的妈妈的爱。这是转移，芙罗琳要求妈妈对她有独有的爱，这一要求转移到了学校，而这个要求必然会因为她爸爸的在场而让人失望。在同一个动作中，芙罗琳在老师和I女士之间建立了一种竞争。这个竞争钻进了要求本身的表达，这个表达得到传递，因为它将我与“我的同行”对立起来。因此，需要谨慎对待，从而不要让其在移情中白白地被挥霍掉。

接着，因为他们自己的原因，出现了芙罗琳的父母特别无法面对的与竞争相关的事情。这是这对夫妇不想知道的事情的一部分。这个原因曾经与他们想要孩子的欲望密切相关，他们曾想通过检查来获知是他们中的哪一个无法生育。在确认了不是其中一个也不是另一个，或者是两个人都有问题以后，他们得以从这个挣扎当中走出来。随着他们决定收养一个孩子，这个问题就被埋藏了。出生故事又将芙罗琳养父母之间与过去的竞争联系起来。这对夫妻找到了一个幻想对手，就是小姑娘的生父母。于是，我们能更好地明白为什么这个情节被埋藏起来，并在I女士心里一直存在，她的丈夫也是如此。他意识到他们压抑的东西。如今，如果说出女孩出生的事情有意义，那么这个意义只能是以一种传说的形式存在，否则，这就会在抵抗中起关键作用，即在一种必然会影响到芙罗琳的创伤现实上建立竞争。

放弃创伤

“永恒名望、大笔财富、完全独立、自由旅行并让孩子们不要经受我年轻时经历的严重焦虑，这些曾是我的美好希望。”[1] 当弗洛伊德放弃了自己最初关于诱惑的理论时，他对他的朋友威廉·弗利斯表达了自己的失望。在最初的一段时间里，他将癔症性神经症严格地和孩童时期经历的性经验联系起来。这些女人全部都在早期被自己的父亲虐待过。但是，一段时间之后，他发现这样一种堕落行为的普及化很难让人信服。另外，他也发现，在无意识中，没有一个现实指标来区分一个幻想和一个真正经历的场景。这导致了对诱惑理论的质疑。

之后，诱惑被包括在与幻想以及与俄狄浦斯情结的联系之中。弗洛伊德放弃他的结论，不再认为精神症的创伤有一个简单的来源，于是他看着自己的荣耀和财富飞走了。之后他在他的信中补充道：“多么遗憾……对梦的阐释不足以让这些成为真实经历。”[2] 至于这点，他弄错了。一个世纪之后，不难看到，这些著名的论调很轻易地就为创伤发作而吹响。恋童癖的行为、强奸、乱伦诱惑都是醒目的话题。问题不在于否认这些针对孩子的犯罪行为是现实，也不在于低估它们，而在于将它们放在正确的位置。大张旗鼓地谈论这些罪恶不能解决任何神经症或者精神病的问题，现在和 1897 年相比，这些问题一样不必然与创伤相连。相反，带着圈套并狡诈地回归到创伤理论，这掩饰了对孩子的倾听的减退。

1　弗洛伊德，1897 年 9 月 21 日信，《致威廉·弗利斯的信》，1887—1904 年，巴黎，法国大学出版社，2006 年，第 336 页。

2　同前，第 337 页。

这不再是听到的一个主体，听到他的黑暗面、他的无意识欲望，而是听到一个由自己的出生和只叙述事实的故事严格决定的存在。创伤，很容易定位，让所有人满意。它这样被描述：一个罪犯被描述，一个受害人在控诉，正义可以伸张，逍遥法外者可以被检举。

在离开神经症的创伤证明问题后，弗洛伊德开始强调幻想维度。带来创伤的可能是幻想。不过，创伤现实的作用，对弗洛伊德来说，一直是一个不停发问直至其最后工作时期的问题。但是，对于一些临床实践者来说，问题被分解了，这是一个分歧和断裂的点。1990 年间，德国精神分析家艾莉丝·米勒的情况就是如此，她参与斗争，反对那些针对儿童的暴力，从而放弃了从事精神分析活动。她发现这件事处在生活的所有事件之中，她认为这是毕加索和尼采作品之源，也是斯大林和希特勒的政治之源。孩子们经历的创伤出现在各个阶段。创伤甚至从出生就开始了，当分娩没有以一种温柔的方式进行，比如勒博耶分娩法[1]。在教书育人的过程中创伤继续，黑暗的教学与智力恐怖主义和身体暴力结合在一起。[2]

出生创伤

在建立创伤神经症理论的时候，弗洛伊德曾经不得不将最初的创伤体验放到越来越早的阶段。追溯到出生，艾莉丝·米勒和奥托·兰克的想法不谋而合。这位弗洛伊德最年轻也最亲近的弟子于 1924 年发表了《出生创伤》[3]。兰克在美国待了一阵子，他在那里取得了巨大的成功。一段时间之后，他离开了维也纳和精神分析去新世界安顿下来。弗洛伊德，在提到这次离开的时候，又出

1 勒博耶分娩法，以法国医生雷德里克·勒博耶（Frédéric Leboyer）命名的分娩法，即“无暴力分娩法”。编者注。

2 参见艾莉丝·米勒（Alice Miller）：《禁忌知识》（*La Connaissance interdite*），巴黎，奥比耶出版社，1990 年；《儿童的沉默苦难》（*La Souffrance muette de l'enfant*），巴黎，奥比耶出版社，1990 年。

3 奥托·兰克：《出生创伤》。

现了之前信件的语气，在那个信件中他说他放弃了荣耀和财富。只是在这里，他的学生没有放弃。“战后欧洲的苦难与美国的繁荣之间形成了鲜明对比……兰克的尝试是因这一对比而有的构思，并且旨在根据美国人的生活状况调整分析疗法的进行。”[1]奥托·兰克的雄心壮志似乎无边无际。他找到了一种对人性和人道的完全解释。为此，他回溯到了一个点，那个点是一个无法跨越的边界，是所有会随之而来的事情的基础和证明——出生。出生被视作一种创伤。这是可以想象的生物的最初基础，无意识的源头和核心。兰克非常确定地理解到，分析中的治愈是围绕着一个再生幻想的起承转合，在分析技术条件的范畴上讲，就是重构子宫内的生活。但对他来说，经历超过幻想。

“分析工作的关键部分……就是病人被带到他首次出生的准确再现上，这完全是生理学上的……这里完全不是一种隐喻……它重现了出生活动的几乎全部细节。”[2]不过，这里还有一个“几乎”。另外，兰克提到“作为第二个妈妈的世界”[3]。这严格来说位于创伤概念之下，我们可能会料想到一个母性功能的角度和一些早熟的前俄狄浦斯关系，但这些在那个时代的精神分析理解中还没有出现。[4]我们可以想到对抗创伤范畴的斗争排挤了所有其他的在阅读《出生创伤》时所能做的研究。

不过，对兰克来说，在那个时代，精神分析不是被弗洛伊德发明的，而是被布洛伊尔（Breuer）发明的[5]。他的治疗概念回到弗

1　弗洛伊德：《可终止与不可终止的分析》（*L'Analyse finie et l'analyse infinie*），《弗洛伊德全集 / 精神分析 · 20》，第 17 页。

2　奥托 · 兰克，同前，第 15 页，我在这里强调这部分。

3　同前，第 234 页。

4　见穆斯塔法 · 萨福安（Moustapha Safouan）：《精神分析、科学、治疗及原因》（La Psychanalyse, Science, thérapie-et cause），宛塞纳，狄艾里 · 马尔塞斯，2013 年；以及帕特里克 · 阿夫纳拉、弗洛伊德序言，奥托 · 兰克：《书信 1907—1926》，巴黎，第一田园出版社，2015 年。

5　约瑟夫 · 布洛伊尔、弗洛伊德：《歇斯底里症研究》（*Études sur l'hystérie*），《弗洛伊德全集 / 精神分析 · 2》。

洛伊德发现的最初时期，即弗洛伊德和布洛伊尔合作的那段时间。于是，心理治疗的过程经过宣泄，进行了情感上的卸载，允许重新经历和摆脱可能的创伤。出生在这里被理解为源头创伤，导致了原初焦虑。新生儿的哭泣就是对此的表达。这样，人类寻找的快感就瞄准了出生之前，是要与一种子宫内的原初快感的重逢。因此，创伤的逻辑是时间性的。创伤就效果而言，是对先前时间的构建，并且多多少少都有些美好化，无法弥补的破坏还没有带来破坏。关于天堂丢失的幻想对治疗的展开有一定影响。如果兰克运用治愈这个词来界定精神分析的结束，是指在一个回归到先前状态的观念中，而不是在弗洛伊德“事后”的范畴中，后者界定了作为精神分析概念的创伤。兰克以及其他很多人都对创伤有所定义，这些定义是将创伤视作持续过程中的一个断裂。创伤并不在逻辑时间之中，它将现实中的过去生活放在主要位置，这个创伤并不是一个主体幻想的故事。

分裂的孩子

我对出生创伤的表述是非常漫画式的，只有一些粗线条的特征，但是我明显要表达这样的观点：绝不要认为这些观点是过时的。儿童的临床分析常常表明，要把动因归于创伤。虽然分娩故事很常见，但问题并不总在于出生创伤。各种各样的创伤都被用来解释孩子的症状或困难。弟弟或妹妹的出生、诱惑、乱伦与否、身体暴力、精神虐待、失去亲人，这些都被混杂地提及。绝不能否认这些事件，而要避免在儿童故事的重建之中让这些事件占据所有的位置。因为如果这样，这就不再是一个承受（有时候是诱发）创伤的主体，而是一个建立在不能超越的知识之上的客体。精神分析家的职能之一就在于永远不要停留在主体某个唯一的外在原因之上。有时候，当精神分析的位置被错误理解，这可能会让精神分析家成为不被信任的对象。让我们举一个具体的例子：乱伦是一种罪恶，虐待了儿童的成人应该受到惩罚。不过，将孩子严格地缩减到一个遭受暴力的身体，这是在分裂孩子。一方面，这是一个被成人渴望的身体；另一方面，他无法表达自己的欲望。听到孩子乱伦的欲望，不是要将孩子视作一个有罪的人，要让他能够在幻想和付诸行动之间进行区分：人们梦到的事情不是人们做出的事情，因为人类社会的现实建立在一定数量的禁忌之上——乱伦禁忌是基础。弗洛伊德的“事后”理论不会让人看不起创伤，而是转向了将创伤引入到主体的逻辑时间，转向了不再仅仅满足于年代史上的现实时间。创伤在产生的时刻走入儿童，就像一个让人难以理解的行为，超越了主体感情上可以忍受的界限。接着，在事后，创伤在和无意识欲望的联系方面产生回响。这一事后在症状的确定中至关重要，因为属于主体本身的正是它，儿童意识到的也应该是它。这让精神分析家听到主体在治愈要求以外的请求。

注意不要满足于一个只由创伤时间支撑的解释，这点非常重要。我认为，在所有资料中，在所有会议、学校、护理中心、医院，在关乎一个孩子未来的决定被做出的地方，都是如此。尝试总是通过同情，在说明宿命的话语中表现：“因为他经历了这些……”不可弥补的创伤——但是可以修复——将教育者、照顾者放在了知道一切、懂得一切的位置，也就是说放在了一个难以超越的全能位置。

这就是兰克要占据的位置。凭借出生创伤，他解释了一切；用建立在这个概念之上的治疗，他思考在几个月内治愈一切。这样，对黑夜的恐惧，对黑暗物品的恐惧，幽闭恐惧症都回到了母亲身体分娩的那一刻。对小动物的恐惧来自他们能走上反方向道路的能力：回到母亲身体中；对大动物的恐惧来自他们吞噬、吃掉主体的能力。吮吸，是和母亲合为一体，就像失禁，这些都是对回到子宫内生活的表达。从这个视角来看，显然捉迷藏游戏、对分离的焦虑、葬礼都和出生这一最初的分离有关。同样，睡眠和回到母亲的怀抱相一致，节奏和摇晃是在重复着胚胎的节奏。最后，裸露癖是重新找回自己来到世界之前如在天堂般的不修饰，恋物癖是通过否认女性性器官来否认出生创伤，而受虐狂是在重现分娩的痛苦。

缺失的焦虑

无论兰克列举的这些出生创伤的后果有多么荒唐，分娩都是一个女人生命中重要的事件，出生也是人类生命中最重要的事情！不能否认这个事件，而是要理解它的地位。弗洛伊德，在拉康派这个名称出现之前的拉康派学者，从能指出发。"焦虑"（angoisse）一词——与德语"Angst"同一词源——来自拉丁语"angustia"，表示收缩、狭窄通道、狭道。这样，焦虑就是在重演着出生。当胎儿开始进入上骨盆，穿过产道，他感受到这种拘束和窒息的感觉，而这些正是焦虑的感觉。但是，弗洛伊德更具体地认为，能指比现实更强大，因为没人能逃开这一次的焦虑，无论我们是通过自然管道出生，或者，就像麦克达夫（Macduff）的传奇一样，从她妈妈的五脏六腑里被拔出来[1]，也就是说以剖宫产的方法出生。如果说有创伤，这个创伤更多的不是分娩的后果，而是和母亲分离的后果。穿越狭窄的通道属于神话范畴。就是在这里，精神分析彻底地和建立在创伤基础上的遗传心理学概念区分开来。至于出生，尽管所有的精神分析家们都没有这样的看法，弗洛伊德还是假设子宫内的生活和最初的童年之间存在着延续性。[2]

不过，重要的是缺失（perte）。缺失在事后构建了对于客体的欲望。如果出生可以是原型，那么也必须以妈妈的可能的缺失为前

1　弗洛伊德：《精神分析导论》（*Leçons d'introduction à La psychanalyse*），《弗洛伊德全集／精神分析・14》，第 411—412 页。

2　弗洛伊德：《抑制、症状、焦虑》（*Inhibition, symptôme et angoisse*），《弗洛伊德全集／精神分析・17》。

提。比如，按这样的说法，婴儿将乳头或奶嘴作为欲望的客体，在于母亲的乳房或者奶瓶被拿开了。只是，客体肯定是缺失的。不存在两次一样的吃奶，第二次不能重复第一次。奶水并不总是一样的味道或者一样的温度，妈妈的笑容也不同，奶瓶或乳房的气味也不同。创伤观念引入的圈套让人想起的，即使不是一个缺失的天堂，至少也是要有回到之前状况（statu quo ante）的可能性。当这变得不可能时，之前发生的生活回忆就被理想化了。正是这样，要关注孩子故事中的某个具体时间，或者他人生中的一个特别时间，一些严重的困扰可能是在那时建立的。那么，孩子在生活中所经历的，必须结合这个事件或者当时的情况来考察。他弟弟被车撞翻以后他就不再吃东西了。她爸爸离开了，她怎么能睡得着呢？

一个嫉妒的小女孩

“自从弟弟出生，她完全变了”，热尔韦斯的父母非常强调他们五岁半的女儿生活中的这次转变。她弟弟九个月前出生了。直到那时，热尔韦斯，他们的第一个孩子，没有出现任何问题。现在，他们向我肯定，女儿发生了一种退行。她晚上不再能保持洁净，有时候，甚至白天，她都会尿裤子。她不停地要别人照顾她，入睡也有困难。只有在吃的方面没什么问题，甚至有点太没问题了，热尔韦斯有种吃得过饱的倾向。自从热尔韦斯的父母惊讶地发现弟弟摇篮旁边有把刀，他们就很害怕让她一个人和弟弟待在一起。她在幼儿园里的情况也不怎么好。她三岁时很顺利地进入幼儿园，没有出现任何问题。但是现在，要硬拉带拽才能让她去上学；她在班上时，也总是呆呆的一个人，有人靠她太近，她就会大叫或者痛哭，还变得很暴力。

J先生和J女士关于他们女儿的言论围绕着热尔韦斯生命中的这次转折展开。他们注意到女儿前后的差别，但是不明白她弟弟的出生为什么会带来如此严重的创伤。第一次会面之中，弟弟出生是这个小女孩的父母带来的唯一元素。出生最初几个月和最初几年都很顺利。直到三岁，热尔韦斯白天都在爷爷奶奶家。在J女士休完产假以后，爷爷奶奶就开始照顾孙女，也就是家里的第一个孩子。接着，热尔韦斯上学了，他们就在放学后照顾她，同时她的妈妈回去工作了。现在，情况不太一样。热尔韦斯的弟弟才上托儿所，在J女士下班回家之前，是一个年轻女孩负责照顾孩子们。J女士下班挺早的，她想要和公公婆婆保持距离。也不算是真的有什么不和，但却是一种疏远。对此，J女士和她的丈夫不想在咨询当中多说。因此，一切都聚集到弟弟的出生给热尔韦斯带来的创伤上。这是对她当下状态的唯一解释，但是J先生和J女士不知道这个事件给他们的女儿带来的影响从何而起。

他们希望我能让热尔韦斯明白，虽然第二个孩子来到这个世界，即使是一个男孩子，也完全不会影响他们对女儿的爱。他们自己没办法安慰她。他们的话语里有各种各样的理由，想显得很有说服力，但同时，他们把其他任何对热尔韦斯的困难原因的寻求都排除在外。但是的确有一个创伤，因为它在一个确定的时刻被搅动，这个时刻就是J女士在产科分娩的时刻。她肯定地对我说，她在产科时，没有人对自己和新生儿有过一丁点儿担心。热尔韦斯父母提供的所有元素，都围绕着这一分离的时刻被串联起来。他们对他们的确信表现出完全的诚恳，不过他们的辞说都只谈论事实，不加评论，不谈情感。

超人

我向他们提议几天之后见热尔韦斯，他们以为她会拒绝一个人来我的办公室见我，我和他们说到时候就知道了，但是我要求只有父母中的一个人陪着她来会面。父母陪同孩子来见我，这在我看来并非总是必要。一个孩子完全可以由第三个人带来，那个人在会面的时候等一下就好了。这里要明确的是，最理想的状况是父母中的一位带孩子来，但绝不是两个人一起带热尔韦斯来。我想，父母中只来一个人可以避免重复关于创伤的封闭性辞说。而封闭性辞说是J先生和J女士共同坚持的。我觉得，这可能也是将他们绑在一起的东西。在这种情况下，可能会带来牺牲他们女儿的风险。但是，当她和女儿热尔韦斯一起来的时候，我的初衷对J女士的话语内容没有起到任何影响。精神分析不是用来处理J女士讲的这些东西的。如有必要，会谈的现实会提醒分析家注意分析的规则。

我和这个孩子认识的那次会面是在她妈妈的陪同下完成的。她们黏在一起走进办公室，虽然妈妈一坐下，热尔韦斯就摆脱了她妈妈。这是一个容易害怕的小女孩，身体很笨拙，不说话，目光躲避人。她的外形让我不安，在我看来，她遇到的问题比她父母向我描述的要严重。她不画画，不用橡皮泥，什么也不玩，似乎对任何东西都不感兴趣，除了一个穿着披风的超人一样的玩偶，整个咨询过程中她都把它抱在怀里。会谈当中，妈妈和女儿的态度值得注意。和第一次会面中表达的内容相比，J女士没有说到任何不同的部分。比如说，她仍旧以第三人称的方式描述热尔韦斯："她不想要再放开我了。她尿床。"我再次建议小女孩也加入对话交流中来，向她表明这些都和她相关，她可以发表自己的看法。她保持沉默，直到她妈妈说起她的弟弟：

"她嫉妒她的弟弟。"

"不，不是这样的。"热尔韦斯回答。然后，她闭上嘴。会面继续以同样的模式进行。

一段时间之后，我建议热尔韦斯一个人和我待在办公室，从而让我们可以两个人谈谈这件事。如果她同意，她妈妈在外面等她。她陪她妈妈走到等待室，然后回到办公室。整个过程中她都没有松开超人。我和她重新说起刚刚和妈妈说的话，她听我说话，但是一直什么都不回答。不用铅笔也不用橡皮泥。我没有坚持，而是告诉她如果她同意可以再回来这里，告诉她在这里可以说任何她想说的话，也可以用画画和玩的方式表现出来。这个时候，她大力地把超人抛向空中，大叫：

“拯救他们所有人！”

“拯救他们？”

“当有坏人攻击他们的时候，超人就会拯救他们！”

我们的会面停在这里，我重新陪着热尔韦斯走到她妈妈身边，我们确定了新的会面时间。我明确一点，热尔韦斯是同意一个人和我待在办公室的，她妈妈对此似乎很惊讶，但是小姑娘赞同了我的说法。她们走后，我回到办公室的时候，看到超人在地上，脸转向我。我告诉自己，热尔韦斯向我发出了求救，也是挑战——如何才能达到像这样的英雄的高度呢？

秘密

之后的会面，热尔韦斯是由爸爸陪着来的。当我去找她的时候他坚持陪在她身边：“你真的想自己去阿夫纳拉先生办公室吗？”就好像这肯定会带来问题一样。不过随后我发现热尔韦斯跟我进了办公室之后，她会确认她爸爸所在的房间门有没有关好。这次，会面大部分时间的内容又是比较贫乏的。热尔韦斯话很少，画些非常中性的画：一棵松树，一些普通的小花。她一直处在防御性的状态。然后，就在离开之前，她从战士盒子里拿出了两个印第安人，一个躺在另一个身上。他们穿了一半印第安服饰，穿着缠腰布。她摆放两个印第安人的方式让我们想到性爱场景。我避免自己对此说出任何评论，走到这一步已经够难了。我只是说道：“啊！不错！”为了让她知道我注意到她的行为。当我将热尔韦斯带回她爸爸身边时，我发现等待室的门打开了。这只可能是他做的。当然，每次会面结束，热尔韦斯和她的父母都会和我做好下次见面的约定。我们约定她之后每周有规律地来见我。

在接下来的会面中，热尔韦斯用人物摆放出的性游戏越发具体。

她总是选择上半身裸体的印第安人，我的士兵玩偶中穿得最少的那些。他们两个或三个，而摆放出的姿态意味都非常明显。当场景意味变得显而易见，我和她说起她可能看到的和她没有明白的。她什么都没说，但是场景在继续，她转而对别的事情感兴趣。从此以后，她画画，线条是重点，画面都是男孩和女孩的问题，之后是兄弟。当她妈妈或者照顾孩子的小姑娘陪她来的时候，她们没有什么特别的。但是，当她爸爸陪她一起来的时候，我都会听到脚步声，都会看到J先生在走廊里。J先生在那里，在我看来他好像希望透过办公室的门听到些什么，并会为他的在场找到一个理由。我重新陪他走到等待室，然后关上门。在会面的最后，我要求和J先生进行会谈，他接受了，但并没有应约来参加这个会谈。

从那个时刻开始，治疗的方式发生了改变。热尔韦斯只在照顾孩子们的小姑娘的陪伴下来见我。我没办法见到她的父母，虽然我很坚持想要见她父母。会面的频率也降低了，有一些预先定好的会面热尔韦斯也没有来。小女孩在每次会面的最后都不知道她下一次会不会来。最后，我和J女士通了电话，我告诉她必须来和我见面。她和她的丈夫一起来见我，会面气氛非常紧张。当我提到热尔韦斯目睹了性场面的可能性时，J先生和J女士极力否认。对他们来说，这完全不可能。他们觉得我在荒唐地阐释热尔韦斯和我讲述的内容。另外，他们还和我说，自从她来见我以后，什么都没有改变，即使他们感觉自己的女儿没有那么嫉妒自己的弟弟了。他们现在让她和弟弟单独玩了，情况不再像他们在婴儿摇篮边发现餐刀的那个时候了。这个时候我才知道那不是真正的刀，是个玩具餐刀！至于其他的，都和之前一样，他们不再确定热尔韦斯来会面是不是有用。我向他们指出最近一段时间的治疗约定没有完全达成，为了他们的女儿，我们需要有规律的会面，特别是要保证他们的女儿每次会面之后都能再回来，否则我无法继续我的分析治疗。J女士同意热尔韦斯重新来和我会面，J先生也说他愿意试一试，我告诉他说这不是一种尝试，而是治疗的继续，需要的时候还需要他们的参与。我们就热尔韦斯新的会面达成一致，但是到了时间，她还是没有来。

侵犯

几个月过去，我再没有这家人的消息，直到有一天J女士说要再次来见我。她一个人来的，在此期间，热尔韦斯进入了小学的一个特殊班级；她的困扰没有减缓，她进行了一次精神运动训练[1]再教育，并接受了学校心理医生的治疗。但是J女士和我说的重点在于她丈夫和她说的事情。J先生承认他发现当热尔韦斯在爷爷奶奶家的时候，一直遭受着性的触摸。她的叔叔，爸爸的弟弟，在那里曾由他照顾孩子。他同时在看色情电影。虽然并没有弄清楚一切，似乎J先生的父母并不知道这件事，于是没有断然地介入其中。是在热尔韦斯弟弟出生的时候，当小女孩被托付给了爷爷奶奶的时候，J先生才惊奇地发现他弟弟有明确的动作。他向妻子隐瞒了这件事情。在这次坦白之后，J女士要求离婚并计划将婆家告上法庭。她的律师建议她要求剥夺父亲的权利。她还没有决定。她也告诉我，从我们上次的会面以来，热尔韦斯和她提过好几次再来见我，但是J先生没有同意，借口是来见我没有用。

于是，时间到了四月，J女士决定利用自己部门的一次人事调动，在夏天的时候调换去其他大区。她准备在下一次开学时带着两个孩子去另一个城市安家。她想忘记所有这些事情，和儿子女儿在另一个地方重新开始生活，并和前夫家的所有成员划清界限，和前夫本人也是如此。心理医生和精神运动训练者都不知道热尔韦斯遭受的侵犯。目前，只有她的律师知道这件事。她也没有和女儿谈论这件事，她不知道和她怎么说。不过，J女士认为她和丈夫

1　精神运动训练通过特定的运动和游戏改善受训者的精神状态。译者注。

之间的交涉进行得鸡飞狗跳，所以她认为孩子们是明白发生了什么严重的事情。如今，她来见我是为了问我，是否能重新接待她的女儿。她同意，如果有创伤的话，创伤来源于性诱惑而不是她以为的儿子的出生。离他们出发还有两个月。因此，我能见到热尔韦斯，不是为了重新开始分析，但是为了结束她和我已分享的事情，她要用言语表达她的经历。不过，我不可能参与到司法诉讼之中。我只是简单地和J女士说明，无论她对婆家有怎样的司法要求，热尔韦斯的爸爸还是她的爸爸，爷爷奶奶还是她的爷爷奶奶。对J女士来说，她必须要区分司法和象征。一个父亲和一个母亲，哪怕是失职的，依旧是父母。父母和孩子之间的会面模式另当别论，当司法牵涉其中，就由司法做决定。

当我见到热尔韦斯的时候，我发现我见到的不再是最初会面时那个处在混乱之中的女孩，更多的是一个处在抑郁之中的女孩。她看起来很悲伤，有挫折感，但是重新见到我似乎很开心。“你还有超人吗？”她问我。我和她说我找一找，它应该在玩偶篮子里。她拿出来，让它去拥抱其他小人。于是，我和她谈论起我和她妈妈进行的会面，然后她向我吐露，热尔韦斯和叔叔之间发生的事情。

“叔叔，他很好。”她和我说。

“有些好人会做一些小孩子不太能懂的事情，但是他们知道这样做不好。”这是我代为回答她的。

人生小说

热尔韦斯离开前，我们见了四次面。在这些会面中，主要问题在于她看到的和感受到的心灵创伤，即色情电影和触摸。有些事情让她害怕，比如电影的声音，还有其他一些让她产生了她不能接受的感受，比如性抚摸。这几次会面不能解决热尔韦斯的问题。她可能需要一些时间才能知道自己的创伤，也就是说，理解这是个事件，不完全属于她的事件，这个事件有难以懂得的部分。她将必须区分：区分从此以后属于她的东西，如在一些暴力场景前的恐惧，一些混合着害怕和愉悦的触摸；区分永远不属于她的部分——叔叔的动机这一部分也不必在和热尔韦斯的分析当中问她，剩下的就是把两者联系起来的东西：她爸爸的态度。她搬家的目的地太远了，当我们考虑她后续的治疗时，她将和另一位精神分析家继续。在我们短暂的相见之中，在我看来，必须要结束她第一阶段的分析进程。相对来说，解决一个秘密，一个被人嘲笑的欲望秘密，不是很重要。重要的是消除对这一秘密的忌惮，这个忌惮就是她爸爸来办公室门口偷听，他无疑是想要确认这个秘密是否被保持着。

创伤太暴力了，和维罗妮克在特鲁索医院发生的情况不同，这几次会面远远不够。我们在这里可以清楚地看出创伤产生效果的时间不是最初经历性诱惑的时间，是在她弟弟来到世界的那一刻，困难才出现在热尔韦斯身上。她将这次出生理解为对妈妈的爱的丢失，她拥有了她年轻叔叔的太多的堕落的爱。之前，热尔韦斯把这个理解为一种游戏，肯定是禁忌的，但只是小孩子之间那种摸来摸去的性质。在弟弟出生的那一刻，这个行为进入了神经症的范畴。在那时，热尔韦斯开始追寻一个超人，希望这个超人将她从淹没她的失望之中拯救出来：当她不再是妈妈爱的对象，她成为了一个男人获取愉悦的对象。治疗将在这些问题上继续。对她来说，重要的是要将创伤带入人生小说。

第六章 症状的词语

19 世纪 80 年代，在精神分析诞生之前，弗洛伊德在巴黎停留了一段时间，这是为了认识让-马丁·沙柯（Jean-Martin Charcot）并听他的课，后者在萨尔贝提耶尔（Salpétrière）医院工作，是癔症方面的大专家。他同时去听了一位著名法医保罗·布鲁阿代尔（Paul Brouardel）的诸多讲座。很久之后，弗洛伊德还记得布鲁阿代尔医生说："习惯于用停尸房的尸体作为材料，让我们明白，对医生来说，有多少东西值得我们去了解，而科学则没有对这些东西给予足够的注意力。有一天，当他谈论到区分特征时（signes distinctifs），谈到我们可以通过这些特征猜出一具无名尸体所属的社会阶层、性格和出生情况时，我听到他说：肮脏的膝盖是老实女孩的标志"[1]。

侦探分析家

我们不知道，是什么样的原因让医生得出了这样的结论。可能他那时认为，一个机灵女孩子的谋生方法不会让身体那么脏，而老实女孩子只能做一些不讨人喜欢的脏活，不得不把自己弄脏。为了不出卖自己的身体，就不能很好地保养自己的身体。正是这样，

1 弗洛伊德：约翰·格雷戈里·伯克（John Gregory Bourke）著《人民日常道德、习俗、信仰和日常权利中的堕落》（*L'Ordure dans les mœurs, les usages, les croyances et le droit coutumier des peuples*）的序言，《弗洛伊德全集 / 精神分析·12》，第 48 页。

对布鲁阿代尔来说，“肮脏的膝盖证明了一个年轻女孩的贞洁！”[1]这是一个堪比夏洛克·福尔摩斯的推论！这个推论太惊人了，在一定程度上引起了弗洛伊德的注意，现如今这个推论大概还是可以给我们带来震撼。通过这个事件，我们进入了分析活动的核心。分析活动不是依附于任何一部著作中提到的事先确立的知识之上的，它的基石就是临床经验。是经验让布鲁阿代尔知道了肮脏的膝盖能让人了解年轻女孩的谨慎。正是在不拒绝这样奇怪观点的情况下，在接受被科学蔑视的东西任意轮番质疑自己的情况下，弗洛伊德创立了精神分析。我们甚至可以断言，精神分析家培训的难点之一，就在于保证精神分析培训不去消除这一能力。也就是说，精神分析不是在一个模子中铸造出来的。

在提到布鲁阿代尔的时候，拿他去和夏洛克·福尔摩斯做比较，这不是一个简单的表面比较。在1885年，弗洛伊德听到的这个思考来源于《血字的研究》，第一篇介绍这位著名侦探的文章，发表于1887年。我们知道，福尔摩斯的一个主要原型也是医学教授，那位医学教授将他的医学艺术教给了柯南·道尔。在他们的时代，福尔摩斯的方法和弗洛伊德的方法在放置医学知识边角料的角落里相逢了。柯南·道尔和弗洛伊德，两个人都是医生，但他们都还俗了。他们各自用自己的方法摒弃了医学实践。

弗洛伊德梦想的精神分析家教育“也包含了似乎和医学毫不相关的、在他自己的职业活动中亦没有接触到的学科——文化史、神话学、宗教心理学和文学。没有对这些领域的较好了解，分析家大部分时候就会封闭在对现有知识领域的理解之中”[2]。这种远离中心的教育观，与我们发现的柯南·道尔赋予其小说主人公特性的观念，发生了共鸣，他的主人公同样具有各种各样罕见而惊人

---

1 同前。

2 弗洛伊德：《世俗精神分析问题》（*La question de l'analyse profane*），《弗洛伊德全集 / 精神分析·18》，第73—74页。

的知识储备。[1]同样，当夏洛克·福尔摩斯介绍自己的咨询活动时，他的顾客会让我们想到弗洛伊德的病人，我们对此应该不会感到惊讶。

“他们都是有特别的问题并且希望我能指出这些问题的人。我听他们的故事，他们听我的评述，然后我把酬劳放进口袋。”

“您是想说，您能在不离开您房间的情况下解决一个其他人了解各种细节却也无能为力的问题？”

“正是如此。”[2]

苏格兰场警察按照惯例收集一切细节，就像按照疾病分类参考去理解症状一样。仅仅是走到现场，估测儿童不安的程度，判断这个多动，那个孤僻，识破强迫症或者正在发生的失调，这样远远不够。临床实践者要成为的是好奇的医生或者独特的调查员，从而得以应对症结。有时候，当精神分析家像侦探一样工作时，就会有惊奇发现。

多动的孩子

加默兰被诊断为多动。他四岁半了，总是有点爱吵闹，但近来，他变得具有侵略性，变得暴力。他的多动需要一种医学治疗，儿科医生这样说，并建议他的父母去一间专门的医疗机构咨询。他们是带着儿子一起去的，在面谈中被询问了一系列关于加默兰故事的细节之后，小男孩被交给两个人，他们将他带到一群孩子当中，待了一个小时。这一个小时里，他接受了观察。第二次会面，有人和 K 先生及 K 女士说这个孩子的确是多动症儿童，要准备进行医学和心理治疗。对此，孩子必须要来医疗服务机构接受观察，开始是一天，然后可能要更长时间。加默兰的父母对事情的发展趋势很担忧。他们不是很确定是否要将自己的儿子送去医院，他

1　参见本书第四章。

2　柯南·道尔：《血字的研究》，第 27 页。

们试图把加默兰目前困扰带来的影响最小化——他只是有点好动，没什么严重的。他们离开医院的时候几乎是逃走的。

几周过去了，加默兰的情况没有改善。从那时起，他的父母很难在他激动时和他沟通。在幼儿园里，他和其他孩子的冲突特别是和其他女孩子的冲突，有所加剧。老师和院长一起约K女士面谈，并向她建议另一种形式的会诊。正是在这一背景下，我接见了这对有特殊困扰的父母，他们希望我能给他们指条路。

当我见到他们的时候，加默兰年轻的父母显得不知所措。他们和我描述着一个活泼的孩子，但是一直有防范心。大约四个月来，他们感觉到他不自在。他变得有点暴力，抗拒别人，特别是，也是最让他们担心的是，他抗拒自己。他们感觉有一次突然的转变，大概是在暑假回来的时候。他们来见我时是十二月中旬，他们是十一月左右去医院咨询的。他们给我讲述了医院治疗的方式，他们不想继续那样的治疗，他们感觉在那里人们对待儿子像对待一个小病人。但他们的孩子没有问题，他们断言。

我和他们一起回顾了加默兰的情况。这是他们唯一的孩子，即便他们有考虑过再要一个孩子，但他们也不想太着急，因为不希望加默兰的情况重现。实际上，加默兰的出生是一个意外，他的出生伴随着迟疑不定和惊慌失措，那是一次避孕疏忽的结果。“您会管这个叫作过失行动（acte manqué）。”K女士笑着和我说。那个时候，K先生和K女士还没有结婚，为了一起生活，他们刚刚离开各自的家庭。这是他们第一次同居，他们还不是很确定这份关系的稳定性，不知道他们是否想要共度人生，或者说至少不确定他们共度的时光是否能足够长到养育一个孩子。他们没有打算在父母已婚的模式之外养育孩子，他们知晓的模式就是先结婚再生子。另外，K女士刚刚开始一份新工作。她觉得工作一开始就请产假不太好。她害怕怀孕会影响她的职业生涯。这些都可以用一句话来总结：“加默兰来得太早了。”当他们发现怀孕了，K先生和K女士惊慌失措。几周之间，他们都在犹豫不决。他们没有问任何人，没有任何第三个人给他们建议。他们想要完全靠自己来做这个决定。虽然一开始觉得应该终止怀孕，但最终他们没有这么做。K女士一个人去见了医生和心理学家，然后，他们才决定留下孩子并将怀孕的消息告知家人。那时各种各样的想法纷至沓来，他们彼此之间有着巨大的分歧。但是K先生和K女士想要这个孩子的坚定决心，从那以后并没有动摇过。加默兰出生了。

随之而来的经济压力一下子大了。K女士的直觉并没有错，她的雇主在她产假之后就没有再用她，她甚至向司法部门寻求了帮助，并失业了一阵子。这样，加默兰来到世界，把他父母的计划和人生都打乱了。他让他们离开了延长的童年，他给他们构建了一份需要养育孩子的夫妻关系。显然，五年之后，K先生和K女士并没有后悔。他们和我描述的是一个受宠爱的孩子，一个活泼好动的孩子，至少在他们看来是这样的。孩子非常好动，不停地跑来跑去，他们的孩子一直在他们左右，在旅行中，在去朋友家吃饭时，在见家人时，甚至在K女士的新单位，因为那家单位内部有一间托儿所。

如今，加默兰的父母对儿子的童年没有什么要特别说明的。虽然是个意外，但男孩一出生，就得到了全家人温暖的怀抱。他们也不明白为什么加默兰在夏天结束后会改变，又是什么原因导致了他表现出侵略性。假期是在K女士的娘家别墅度过的。那是一栋海边的大房子，由加默兰的外祖父母建造。全家人一个接着一个回到那里过暑假，哥哥姐姐，叔叔阿姨，表哥表姐，都到了。这是一个热闹而温馨的地方。暑假回来以后，被大家庭吸引的K先生和K女士开始思考要不要第二个孩子。他们之间开玩笑式的话语可能被加默兰听到了，他们寻思着是不是这个让他担心了。

床笫事件

他们和儿子说了来见我的事情。他同意了，因为他受不了学校里总有人说他很凶很讨人厌。几天之后，我见到了他，一个年轻的互惠生[1]女孩从学校接他来的。走进办公室的是一个坚定的小男孩。他观察一切，评论书架，坐在我对面，立刻开始了会面。他用橡皮泥和小汽车讲述了一个施工的故事。他用吊车在一团橡皮泥中砸了个洞，然后和我解释说："是钻床钻肚子，管子要从地里出来了。"游戏中，加默兰开始激动起来。他叫道："我是最强的，我是最坏的！"我认识到他用玩具和橡皮泥表达了怀孕和出生。我告诉他父母说过的话——有一天，加默兰会有一个弟弟或妹妹。在汽车之中，他选择了一辆公交车。"这是 car，是 caroli。"他叫道。他把车放到一大团橡皮泥里，大笑，然后把车拿出来，又用一小团黑色橡皮泥代替车裹在大团橡皮泥中。我们的第一次会面就到这里。我问他同不同意下次来之前我再见一下他的爸妈，他同意了，和互惠生一起，我们确定了会面日期。

第一次会面中，我直觉到有一个现实元素介入了加默兰的生活。"caroli（字节分解开来就是 car au lit，即车在床上）"是在说他父母在床上吗？游戏中表达出来的幻想在我看来一部分来自没有说出的现实。正是出于这个原因，我希望在第二次和加默兰会面之前再见一下他的父母。因为，夏洛克·福尔摩斯是这样强调的："在得到所有元素之前拼凑一个理论，这是巨大的错误。这会让判断跑偏。"[2]

因此，在和 K 先生 K 女士的第二次会面中，我重新询问他们在加默兰出现反常行为之前究竟有没有什么特殊的事情发生。他

1　互惠生（Au Pair），意思是"平等的"和"互惠的"。指学生与其寄住的家庭以一种互惠互利的方式生活。寄住家庭为互惠生提供住宿及一些生活所需；学生则为家庭照顾孩子以及做一些简单的家务。通常情况下，互惠生一般都是女孩。译者注。

2　柯南·道尔：《血字的研究》，第 37 页。

们认为没有。“倒是有一个关于我表妹卡萝琳娜的故事，但是加默兰不知道。”这可能就是caroli吧！在这里，我竖起了耳朵，渴望在最平淡的表面下听到一些细节，就像柯南·道尔笔下的主人公借助他的放大镜找到犯罪证据一样。可能分析家也有他自己的如同阿加莎·克里斯蒂赋予大侦探波洛的那些灰色小细胞。他有时候就会运用这些灰色小细胞。对我来说，就是这个时候了。“卡萝琳娜目前的状况就和我怀孕的时候一样。”加默兰的母亲具体说道。

于是，我了解到，卡萝琳娜不仅仅是K女士的表妹。她也是到那个夏天为止，在加默兰的父母不在时一直照顾加默兰的人。卡萝琳娜那时是个大学生。几年之间，她在K先生和K女士家做互惠生。她住在他们公寓的一个房间里，去学校接加默兰，并在父母回家之前一直和他待在一起。我看到的陪伴加默兰的年轻姑娘是夏天之后才代替她的。卡萝琳娜六月份学业结束了，找了一份意料之外的工作。正是这个时候她怀孕了。她的男友和她在一起三年了，但是他们暂时不希望一起生活，即使他们的关系似乎很稳定，却没有想要一个孩子。

在声音中或在安静中

于是，K女士在表妹的身上看到了她经历过的事情。不过，加默兰的父母在他们之间越是安静地解决了这件事情，卡萝琳娜就越陷入一种疑虑或疑问的状态，想要对亲人提问，特别是对自己的表姐。最终她还是决定终止妊娠。K女士和我说，卡萝琳娜非常焦虑，要另一个是医生的表姐给她描述一下人工流产的过程。他们不得不在加默兰走进房间的时候停止对话，小孩子不应该听到这样的故事。

不过，度假时全家人都在大房子里，当加默兰出现时，大家就突然沉默，或者打断正在进行的对话去谈别的，或者打电话，而这些情况频繁地出现。K 女士在会面中意识到表妹给予加默兰的爱让打胎的决定越发困难。她记得这样一个场景，卡萝琳娜将加默兰紧紧地抱在怀中，就像抱着一个小宝宝一样。她那时意识到，加默兰无意间已经成为这个插曲的一部分。她不想看到这一幕，她不愿意想象加默兰可能听到这些。她的儿子现在存在着，活着，他不能再成为怀疑自身存在的对象了。对 K 女士而言，分享表妹的疑问，意味着要同时想到——虽然只是在间接的层面上——自己的儿子也涉及其中，她就仿佛又回到了当初想要把这个孩子打掉的时候，这完全让人不能接受。K 先生和 K 女士明白了，他们不能接受他们的孩子听到了这个故事，而他实际上听到了这个故事。

当加默兰第二次来见我的时候，他边走进办公室边问我有没有保留他上次做的橡皮泥团。我向他指出，既然他没要求我留着，我就没有留着他的模型。另外，只有画的画，我才会给每个孩子一个单独的地方收好，而且只有孩子和我能看。其他东西，比如玩具呀，橡皮泥呀，是所有来这里的孩子都可以玩的东西。有的时候我也会保管好一些橡皮泥，可能是因为我觉得这块橡皮泥之后还有用，也可能是因为孩子要我收好，但加默兰的橡皮泥两个情况都不符合。我们一下子就进入了加默兰问题的核心，他向我表达了这一点。

我们可以认为他在这里将会面的动因分为两个层面。一个层面是表面上的内容：游戏、橡皮泥塑形、玩吊车和大客车，也就是说这是一种对怀孕及其变形的表达。另外，加默兰在我身边使用这个游戏还有一个层面。他向我展示了，但没有向我说明，他通过自己向我提问，并等着我的反应（“我是最强的，我是最坏的”），他尽量使我不去保管他的橡皮泥；这符合加默兰向我表达他的问题的方式，也就是我们所谓的移情。在移情中阐释，这意味着，从我没有保管好的橡皮泥开始，我将和加默兰讨论他听到的但不完全明白的事情——卡萝琳娜会留下她的孩子吗？这不是要强加给加默兰一个关于小产和妊娠的解释，而是和他一起定位他是如何参与到故事当中，这点正是他父母以为他完全没有感知到的部分。加默兰为自己的每次出现就产生的沉默而担忧，同时他也发现了问题和卡萝琳娜肚子里的孩子有关——他已经知道婴儿是从哪里生出来的，加默兰同样也以为卡萝琳娜从他家离开和自己有关系。因为从那以后，她不再是他家的互惠生，不再接他放学了。从这里出发，几次会面之后，当前的危机就解除了。加默兰明白他不用对卡萝琳娜的离开负责，也不用对她宝宝的消失负责。他的自我惩罚和侵略性也没有必要了，他不是最坏的，虽然他还是最强的。

儿童欲望

我们同样也可以考察表现症状的词语，caroli，是如何打开了其他视野的。加默兰听错了，但是理解对了，当下的情况和夏天发生在卡萝琳娜身上的事情有关。他无意间以为自己要对所有这些骚动负责，因此自己也不安起来。不过，这一情况之所以可能发生，只是因为这个故事在他和他父母那里引起的回响。我们已经看到了，加默兰的父母在卡萝琳娜怀孕的过程中重新感受到了自己过去的焦虑，也就是怀上加默兰时候的焦虑。他们从来没让他们的孩子知道这个故事，而且认为向他们的孩子传达自己的担忧也没有任何必要。他们对自己孩子的欲望，以及他们为此经历的痛苦，属于他们自己。加默兰正是在这一欲望中出生的。同时，为了自己的生活，他必须摆脱这一欲望。每个孩子都要走这条路，如果不这样，就会造成严重的困扰。孩子那里的精神病往往都和无法摆脱父母的欲望联系在一起，这欲望是父母双方或是其中一方的。当然这肯定不是加默兰的情况。回溯他出生之前的那些犹豫，也毫无作用。在他的治疗中，正是用了同样的形式，这一点必须要提到，即很明确是他的父母在决定另一个宝宝的出生。加默兰弟弟或妹妹的是否出生并没有咨询加默兰的意见。他既不负责他们的出生，也不负责他们的不在。

因为加默兰同样听到了他父母在他面前考虑要另一个孩子的问题。他考虑到这件事情，因为对一个四岁半的小孩而言，他本人正身处爱情风暴之中。他没有完全放弃成为自己妈妈的小情人，即使卡萝琳娜能够在她不知道的情况下吸引加默兰的爱。这样，卡萝琳娜的故事以另一种方式在加默兰的身上有所回响。在他的幻想中，他可能要对此负责。这次怀孕在父母那里引起的不安加强了加默兰对这种幻想的确定。因为原本妈妈是他的情人，但是已经被爸爸 K 先生俘获了，小男孩于是转向了卡萝琳娜。这个年轻的互惠生女孩，她不是爸爸的，而是儿子的！因此，不仅是解决了小男孩侵略性的问题，在治疗的延续中，我们还能够剖析加默兰的幻想，辩证看待加默兰的位置。属于他的和属于他父母的不一样。因此，他还是一个活泼的孩子，可能比其他孩子更好动，因为他的人生就是这样的。

这里，被我称作症状词语并用以描述加默兰在第一次会面的时候说出的那个词“caroli”，应该记录在孩子的背景中。在他的游戏中，一辆车在一个橡皮泥团里，很容易就让人想到一个孩子在妈妈的肚子里。在听过 K 先生和 K 女士的话以后，很容易就可以总结出：“车在床上（car au lit），宝宝生产出来了”。因此，也很容易将加默兰的症状和 K 女士怀孕的故事，以及他父母当年的犹豫联系起来。加默兰因为妈妈怀孕以后产生的那种不安而不安。弗洛伊德和福尔摩斯都有走错路的经历，因此他们建议大家不要太快进行阐释。这里，我应该等到卡萝琳娜出现，等到在第三次会面中她被提及。从那时起，我们就知道 caroli 可能和卡萝琳娜的名字联系起来了，没有“ne”（不），即没有否定形式。这样，加默兰的俄狄浦斯欲望得以剖析。这一欲望以希望“他的”年轻的互惠生女孩不要离开的形式表现出来。

同样的情况中清楚地表现出了儿童的欲望，以及父母的欲望。这里，事情其实很简单，侦探借助自己的工具，可以发现每个印记或形踪属于谁——对我们来说，就是每个词语属于谁。有时候，情况更为复杂，有些嫌疑犯试着将自己的罪证丢给他人，坏事的包庇人看起来清清白白，一些令人赞赏的妈妈完全控制自己的孩子。因此，精神分析家面对的是这些错综复杂的欲望。乍一看，在属于孩子或属于父亲、母亲的幻想中，做一个分辨是不可能的。话语相互交织，我们不再知道这些话语到底属于谁，最敏锐的警犬也可能没辙。

下面我们可以深入这种情况的核心，在那里，一个母亲的话语试着将自己女儿的话语占为己有。在这一情况中，孩子最后的避难所通常是厌食。通过拒绝吃东西（食物被孩子理解成来自母亲身体），通过吞下知识的辞说，通过成为其他人写下的词语的知道者，冒着生命危险，建立了最后的防御，抵抗可能对自己造成的入侵。但是在这里，K女士的不安和她孩子的俄狄浦斯欲望之间的相互占据情况并不清楚，我们对此进行区分几乎不可能。

侯爵夫人和伯爵夫人

对德赛维涅（De Sévigné）夫人书信的阅读让我们得以进入这样的一种论证，我们能证实一位母亲对她女儿的话语绑架，这比进入任何临床报告都要更加清楚。而且，这个女儿，也就是格里尼昂（Grignan）伯爵夫人，她有轻微的厌食症，我们对此也丝毫不会惊讶。要明确的是，我们要做的不是一次多多少少无根据的文学分析练习，而是在阅读这些书信的时候理解一个母亲对于一个女儿的定位。显然，我的阅读是带着强烈目的性的，我的选择非常专断，不会假装对这份法语书信文件有着完全深刻的理解。同样，我们要做的也不是对离开人世间已有三个世纪的侯爵夫人和伯爵夫人进行精神分析。我希望强调的是一种家长和孩子之间关系的特殊模式。这里面暗含了一种症状词语关系，这和我们在加默兰的例子中看到的有所不同。

因为，在德赛维涅夫人的信件中，侯爵夫人明白，面对格里尼昂夫人时，她自己占据了一个值得注意的位置。母亲不间断地见证了自己在女儿身边的光芒。“我知道会发生什么，我知道我要做什么，我会替你说完你说了一半的句子”，大概总结了这一情况。不过，这些都是在书写的信件中表达的，而实际情况中格里尼昂夫人肯定做得更好。这样，这一信件可以表现出书写的一种非常特别的作用——在某些情况下，书写有拯救作用。

通过阅读这些信件，我们参与到一个非常特殊的对话之中，因为这一对话是书写而成的，也就是说，说话者表达的时候是没有说话对象在场的。格里尼昂夫人书信的缺失不会改变什么，如果我们有了这些信，我们也只是大概地了解到她在母亲不在场时回答的模式而已。因为德赛维涅夫人写给女儿的信件证明了在她和女儿的关系中，有一些非常特殊的事情，我们可以将其定义为一种对分离的享乐（Jouissance）。“我的痛苦，如果能给你描述，那会平息很多……分别多么痛苦啊！”[1]在这一描述之外，这一享乐侵占了身体和思想。享乐在一个具体境况中被激发，无法避免。对德赛维涅夫人来说，和自己女儿的分离激起了一种痛苦中的享乐，这些信件每一次都会让她意识到分别的痛苦非常剧烈。的确，这一分别，不管她说的是什么时候的分别，“还会攥住我的心”[2]。在这些情感猛烈波动时刻，侯爵夫人写下如此美丽的“需要经过这些地方，不要驻留”[3]。问题核心的享乐不仅仅是情感发酵到极端时的感觉，它在侯爵夫人一生中都决定着所有她写下的与她女儿有关的文字。

---

1 德赛维涅夫人：《书信》（*Correspondance*），1671年2月6日信，巴黎，伽利玛出版社，普雷亚德丛书（Bibliothèque de la Pléiade），1972年，第一卷，第149页。

2 同前，1675年8月7日，第二卷，第35页。

3 同前。

分别与重逢

很显然，重逢不会带来这样的激动。相逢的相互拥抱很少在信件中提及，对重逢的回忆没有分离那样的力量。与分离的享乐对应的并不是重逢的快乐。享乐更多的是在书写之中，也就是说在两个人不在场的情况下。比如说，一个周四，德赛维涅夫人去她女儿普罗旺斯的家中做客，刚刚离开女儿时，她觉得“我当时的状态无法忍受；就像一种撕心裂肺的状态，我希望这种狂乱的状态不会持续下去”。她以这样的评论结束书信：“我们又在信中相见了。”从周五起，她们两人重新恢复她们的日常风格：“我唯一的快乐就是给你写信。” 而德赛维涅夫人描写了瓦朗斯先生的思想和四轮马车，一次和蒙特勒伊的宴会，一次针对修道院的阴谋诡计。[1] 两个女人之间的书信往来又重新开始了。

当母女在一起时，她们的情投意合远远没达到完美的状态。其实重逢的时间根本就不美好。一张丢下的票，去徒步时留下的便条，都让我们看到这种不和谐。“您想要穿什么，我美丽的小姑娘？我不在时有没有让你想我一点？”[2] 有一次，德赛维涅夫人住在她女儿家，而女儿去了蒙彼利埃旅行时她写道。“我睡得不好。你昨天晚上把我折腾坏了。我无法忍受你们的不公正。”[3] 七年后，当她和自己的女儿同住一间酒店时她抱怨道。

与分别的享乐相符的，通常是共同生活的不愉快。信件的数量给了这问题一些解释——一位母亲在女儿身边是比较具有侵略性的存在。“我在格里尼昂见您”，她从巴黎给她女儿写道，“并一步步跟着您。这幅画会让您局促不安，我亲爱的姑娘，多香呀！……永远都要通知我您的所有新消息，没有什么事是微不足道的，没有什么事是我不关心的。我希望明天就得到您的回复。”之后她

1 同前，1673 年 10 月 5 日 6 日，第一卷，第 593—595 页。

2 同前，1672 年 12 月 11 日，第一卷，第 568 页。

3 同前，1679 春夏，第二卷，第 665 页。

还在继续写信，十几天里写了四封信之后，她又写道："我和您说，您给我回答。我欣赏您的细心和您的精准，但是完全不要把这些当作法律，因为如果当作法律就会给您带来不便和头疼，哪怕一丁点儿。要相信，让您安心会让我开心。"[1]无论格里尼昂伯爵夫人是回信还是拒绝回信，她总是在妈妈的欲望之中，就像她的兴趣、她的快乐和她的健康一样。什么都没有逃开妈妈的目光。

寡居的德赛维涅夫人还有一个儿子，查理。但是只有她的女儿，弗朗索瓦兹-玛格丽特，占据了她生活的中心位置。她从来没有给儿子的缺席以同样的方式增添内涵。不管查理去荷兰还是去坎迪打仗，还是他和尼农或尚梅莱有暧昧关系，后者其实和他父亲也有床笫之欢，侯爵夫人只是把自己的儿子推给上帝，跟他叮嘱两句。不过她承认："他在试图讨我开心"，"他喜欢我，只想着让我快乐"[2]。但是，可能因为她的儿子是一个男人，她不能像给自己女儿写信一样给他写信："我懂得，对我来说，什么都不能代替您的位子……日日夜夜我都关心着您。"[3]

徒劳无益的美丽

一个男人的爱情对德赛维涅夫人来说是一种奇异的东西，她是世俗的人。只需要读几封她和表弟比西·哈比坦（Bussy-Rabutin）的信件来往就可以明白，他们的爱情经历不同。一个人经历了在离开情人时的那掺杂着快乐的泪水，另一个人嘲笑着她表弟在约会屋中的夜晚。年岁什么都没有改变。当一个知情者比西，将她表弟的气郁和鳏居联系起来，她开玩笑地回答说，她只对她自己的本性感兴趣，并断言她过得很好。不过，做一个节制的人，并不意味着做一个无知的人。德赛维涅夫人断言，她不会将就假正经。

1 同前，1675 年 7 月 26 日及 8 月 7 日，第二卷，第 23 和 39—40 页。
2 同前，1671 年 4 月 15 日及 1672 年 4 月 8 日，第一卷，第 222 和 475 页。
3 同前，1671 年 8 月 9 日，第一卷，第 315 页。

她在女儿身边扮演了一个什么都知道的妈妈的角色。我们明白格里尼昂夫人能够从与妈妈远离之中收获的所有好处！

因为德赛维涅侯爵夫人不加粉饰地提供建议：不要让奶妈和自己的老公睡，特别是她的女儿不要满足于在一旁整理房间，还要在房间里安排一个女佣。同样，她可以捉弄格里尼昂伯爵，她的女婿，像烈马一样搔他脚。性欲，需要研究它，为了更好地了解它，知道如何占据它、战胜它。“因为在一张床上要做什么呢，除非睡觉？”[1] 她这样给她的女儿写信，她不停地要求她按自己的范例走，但是似乎同样也没有什么效果：在床上，我就睡觉。德赛维涅夫人的女儿被比西·哈比坦称赞为法兰西最美的女孩子。一结婚，格里尼昂夫人就要继续保持美丽，但却是徒劳无益的美丽。爱情愉悦的后果是和怀孕相联系的身材失势。“通过不总是死气沉沉的快乐来安慰自己那徒劳无益的美丽。”[2] 母亲这样写给女儿。

其他时候，侯爵夫人的担忧主要针对女儿的健康问题。胸痛、腹痛、忧郁和头痛都受到妈妈的监控，她明确地说：“我从来只有一个目的，就是你的健康，你的在场和将你留在我的身边。”这封信是她们俩都在巴黎时写的，她这样结尾：“我完全不需要回答。”[3] 另外，她坚持，她不想要她女儿身体不好的时候给她回信，这也会伤害她自己。“你应该听我的，不要回信，按我说的做就好，因为如果你给我回信，我知道你就会生病，这样我就会生病了。”这就是侯爵夫人试图在她的女儿，伯爵夫人的生活中建立的辩证。精神分析家在这里为他们有机会碰见的事情找到了一个例子。

互易感觉

不过，当母亲在场的时候，格里尼昂夫人会进行反击。“我的

1 同前，1673 年 11 月 2 日，第一卷，第 610 页。
2 同前，1672 年 3 月 16 日，第一卷，第 460 页。
3 同前，1679 年春夏，第二卷，第 669 页。

信比我自己更幸福。”[1]那时，侯爵夫人在另一份母女俩在一起时的书面留言中这样表达。因此，这些信件同时让德赛维涅夫人能够按照自己的意愿塑造一个符合她期望的女儿形象，又让格里尼昂夫人感到不是在受控于母亲。实际上，在某些情况中，德赛维涅夫人表现出一种令人气愤的嗜好，她痴迷于在词语上将自己置身于女儿的位置。精神分析家将这种能力命名为“互易感觉”。想要理解她，只需要看看幼儿园课间休息时的情况——打了另一个孩子的孩子可能哭得和被打的孩子一样惨，打了别人的孩子自己也好像被打了一样。在侯爵夫人那里，“格里尼昂的亲吻让我胸痛”就是一个著名的句子。我们不要试图玩文字游戏，试图了解亲吻在这里是不是已经是接吻了，即便格里尼昂也是一个男人。我们还可以再举一个例子。当格里尼昂夫人怀上第二个孩子的时候，德赛维涅夫人给她写信道：“您的果实我已经提前享用了。”因此，在她的嘴里，有她女儿吃的东西，不要忘记果实也是她们腹中的果实[2]。几天之前，格里尼昂夫人因为一次城堡火灾受到惊吓，她妈妈以一种异常的方式表示担忧：“这些恐怖是我的憎恶，对我而言，我没有怀孕，但是它们让我好像怀孕了一样！”[3]这样，她不满足于将她女儿的惊恐纳入自己的考虑之中，就像她在口中品尝果实的味道，她还将格里尼昂夫人的怀孕占为己有。味道、惊恐、女儿的怀孕，她都能感知，都能变成她自己的感受，就像之后她的呼喊：“你瘦了，这简直要了我的命。”[4]

诚然，格里尼昂夫人不是一个孩童，她不再是四五岁的人了，她是一个女人；但同样可以肯定的是，德赛维涅夫人是这样一位母亲，她让女儿读她信的时候没有年龄感，至少是处在没有走出童年的年龄。

---

1 同前，1678 年 5 月，第二卷，第 607 页。

2 fruits de ses entrailles，直译是“她们腹中的果实”，意思是“自己的子女”。译者注。

3 同前，1671 年 9 月 13、16、20 日，第一卷，第 342—347 页。

4 同前，1672 年 1 月 6 日，第一卷，第 411 页。

通过对这些著名信件的阅读，我能为加默兰的故事找到一个相反的故事。在加默兰那里，我们不用费太大的力气就可以区分属于他的话语——对母亲的俄狄浦斯情结转移到了卡萝琳娜身上，和属于他父母的话语——他们不安的痕迹和他们想生小孩时的负罪感。每个人都有自己的症状，孩子表现出的是侵略性，父母表现出的是担忧。每个人都有自己的词语，对加默兰来说是caroli，对父母来说是难以开口的可能的堕胎欲望。我们在德赛维涅夫人那里读到的不是这样：她不停地希望自己构建女儿的症状词语。瘦、惊恐、怀孕、胸痛或吃桃子的味道都属于她，她将这些词语占为己有，从而更好地让自己的孩子承受这些词语。她的女儿，在她的这些信（字母）[1]中，不能拥有自己的欲望。

饥饿艺术

如果进入了这样的一种连锁反应中，一个孩子，长大了的孩子，应该掌握自己的词语。书写可以帮忙。我们知道有一定数量的这样的书籍，其中甚至不乏畅销书，一些厌食的或者曾经厌食的年轻女性写的畅销书。这些书中有一本最著名的叫《饥饿的艺术》（*The Art of Starvation*）[2]。这本书的特点在于它是这个年轻的英国女人希拉·麦克劳德的自传，同时也是她对之前一本日记的阅读体验。

实际上，通过重读和评论的方式，她在这本作品中收录了她厌食时期写的私人日记。她出生于一个贫穷的英国家庭，那时在一所有钱人的中学当寄宿生，因为父母坚持要送她去那所学校。为了避免同学的排挤，她给自己编了另一个人生，对自己的社会情况说了谎。她最早的几年寄宿生活的特点就是说谎和假装，以及混杂着对这些谎言被揭发而遭到羞辱的恐惧。同时，她也享受着

1　法语“lettre”有“信件”的意思，也有“字母”的意思，作者在这里应有双关意。译者注。

2　参见希拉·麦克劳德（Sheila MacLeod）：《厌食者》（*Anorexique*），巴黎，奥比耶出版社，1982年（《饥饿的艺术》法译本）。

一些欣赏她思想和活力的朋友的围绕。她感觉自己完全融入了这个中学，但事后，她发现所有在那个时期经历和构建的生活，都是人为的。因为在学校，她编造了自己的存在状态，编造了一个连她自己都相信的故事。于是，她也把这些假装写入了私人日记。之后，她带着巨大的怀疑重新阅读，发现了这份日记的词语不是她自己的，但这很重要，正是这些词语起了作用。“我因为我的日记出名了（或者简单地说，就是红了），我战战兢兢地坚持着，我的想象总是被一些丑闻缠绕以及担忧学校的领导层看到这些出现在新闻报道中时的反应。”[1]也就是说，对希拉·麦克劳德来说，那个时候重要的不是她的词语，而是对这些词语带来什么样效应的幻想——出名、被认可。当她沉浸在厌食之中时，连她的私人日记都不属于她。

之后，年轻女孩解释她是怎样摆脱了厌食。她不再在那所中学了，她收回了自己的词语。因为她和母亲分享了这些词语，或者说这些食物。食物是水果。她妈妈喜欢李子，建议她也吃一个。“但是她以一种既从容又仪式化的方式表达。为了这个，她违背了正餐之外不吃东西的规则，和我一起建立了一种默契，这种默契将家庭其他成员排除在外。她选择了两个她觉得最好看的李子……洗了洗，擦了擦，然后又给我看看……她递给我一个，自己咬了另一个。我接过来了。”[2]这样，她就吃了。对于一个厌食者来说，这是一个壮举。在食物之外，她能吃这个水果，因为她妈妈将她作为一分子纳入了欲望之中，在那里有她们两人的位置，逃开严苛的日常习惯，离开一阵子。视觉上的快乐，嘴里感受到食物的快乐，味觉的愉悦感都被两个女人分享，她们各自有自己的词语。她们咬着水果，就像品尝人生。希拉·麦克劳德妈妈和德赛维涅夫人提到的品尝女儿口中的水果并不一样。或许在妈妈和女儿之

1 同前，第 53 页。
2 同前，第 147 页。

间，在麦克劳德的家中，事情并不总是这样发生；但是现在我们到了解决厌食问题的时间了。

见证

就是在事后，在经历了身体、胃口、词语的丢失和重逢之后，《饥饿的艺术》的作者才能够写下这本书。这本书不仅是自传，更成为一种见证。一个精神分析家在治疗中感受到的，他从一个主体的动因中理解到的，都在同样的笔调之中。通常，是在精神分析家见到一个孩子或一个年轻成人之后，且这个孩子或成人曾经遭受混淆与假装的扰动，就像希拉·麦克劳德或格里尼昂夫人的样子。是在事后，因为主体本人很少可以在事前想到。希拉·麦克劳德很好地体现了这点——在中学，她曾经如鱼得水——是在事后，因为想要回顾自己的经历，从而重新阅读自己日记的时候，她发现这表面上的怡然自得是如此这般的矫揉造作。一个医生，一个护士，无论谁对这件事情有一点了解，都可能在那个时候，识破消瘦背后的厌食症。但是，我们曾经都将症状看作目标，通常这都是必要的，因为不可逆转的身体困扰和主体的人生已经受到了影响。但是小女孩那个时候什么都不想知道，治疗应该针对抵抗的身体进行。有些时候，分析治疗的结果是不可预见的。

我见到娅森特的时候，她十七岁左右。她妈妈的精神分析家给了她一个女性精神分析家的地址，娅森特意识到她更想要一位男性精神分析家。因此，这位女性精神分析家又给了她一个地址，也就是我的。我们很快就明白，男人或女人并不重要；但是至少要在她妈妈和她之间再隔一个人，必须把行踪意图搞得模糊。

理解她的厌食症

这个年轻女孩子来见我的时候，她的困扰已经解决了，至少在饮食方面的困扰已经没有了。时而拒绝吃饭，时而不节制地狼吞虎咽，从她青春期开始，她都一直摇摆在厌食和暴食之间。她专门到针对饮食行为困扰的机构接受过治疗。那时她接受医学跟踪和饮食跟踪，娅森特和她的父母都接受了个人心理治疗和小组心理治疗，治疗持续了好几年，而且非常成功。另外，这一治疗让她的妈妈开始接受精神分析。如今，娅森特来我这里，是为了尝试更好地明白发生了什么。她对我说，她希望整理自己的故事，在有孩子之前能更清楚地认识自己，虽然她还没有想着立刻要孩子。她觉得是时候开始另一种方式，一种她已经了解的方式之外的方式。她想要从医疗和照顾之中摆脱出来。她承认，没有那次治疗，她永远也不能恢复得这么好，即使一开始她在那里受到约束。但是现在，对她来说规划自己作为女人的人生非常重要。我们可以说她正处在《饥饿的艺术》的作者开始写书时的情况之中，也就是说，找回自己的词语。

“我应该怎么付费？”在会面最后，娅森特问我。通常，我都会希望成人精神分析来访者用现金付钱。但这里涉及的并不是这个问题。“我应该用哪种方式支付会面的费用？”年轻女孩坚持问。她妈妈要她问我。娅森特做精神分析的钱应该来自她的零花钱，来自她的储蓄。她需要为此打工吗？她的父母，甚至她的祖父母能够参与其中吗？一堆混杂的问题在娅森特离开办公室的时候出现在我的脑海中。我只表达了会面需要付费。“我妈妈会给您寄支票。”她回答说。我没有收到支票。不过，在之后的一次会面中，她离开的时候，娅森特给了我一张她爸爸的支票，她又更具体地说，这张是为了付上一次咨询的费用，另外几张钞票，用来付刚刚那次会面的费用。我开始理解，这一桩和咨询费用相关的事情也是治疗中的一部分。因为之前的治疗效果很好，这一点到那时为止都没有表现出来。从这次对于钱的来源的询问，将会展开一系列的问题——年轻女孩子的东西属于谁？她有权利做什么、拥有什么？这个围绕着金钱的故事，在饮食困扰治疗过程中既没有被察觉，也没有被解决，但是将会渐渐清晰。通过这个方式，娅森特可以定义属于她的东西，找到自己的词语。我在这个步骤之中，不怎么算是一个心理治疗师，因为没有什么要治疗的，而是扮演了一个参与到一个故事的构建之中的角色。娅森特走过的道路和希拉·麦克劳德书中的路径类似。在这里，会面的场景类似于书写的纸张，所说的话类似于（在纸张上的）写作。

古怪的账目

就像在加默兰的橡皮泥故事中一样，是移情赋予了金钱在另一个故事中的重要性。对我来说，不管金钱的来源如何，只要会面的费用如期支付，债务就解决了。接着，这个年轻女孩子对我来说就消失了。但是，对娅森特来说，她给我的费用有不同来源，这就意味着有不同的方式看待会面。于是，我们陷入一种古怪、复杂而又纠结的冒险中。

娅森特的母亲不工作。母亲的父母有一定的财富，但是他们把这笔财产留给了外孙子和外孙女们，其中包括娅森特，她拥有非常重要的一部分。L 先生，年轻女生的父亲，是一个在乎钱的人，似乎他喜欢挣钱，也喜欢花钱。但是在家里，是 L 夫人掌管财务。至于孩子们，娅森特和两个弟弟，具体规则已经建立了。他们根据预估的消费，每个月能领到一笔固定的零花钱，然后每年还有一笔额外的。此外，还有根据学校成绩给出的奖励，而如果成绩太糟糕也有惩罚。同时也有家务奖励（比如，擦窗户），也有没有奖励但是不做会被罚钱的情况（比如，摆餐盘）。另外还有照看孩子的收入，娅森特在节假日或周年纪念日也会从家里收到一些金钱奖励，以及有的时候她爸爸还会瞒着 L 夫人给她一些。最后，娅森特有自己的存款，和一些她不能使用的祖父母留下的一小笔财产。我在会面过程中逐渐发现了这个关于金钱的复杂关系。我注意到，对娅森特来说，这种关系似乎很自然，虽然这个问题占据了她很多时间。但是，情况其实更为复杂：一方面，规则执行的好坏由妈妈的心情决定；另一方面，任何花销都要记账。

我们从计算这个很伤脑筋的事情中出来，关注到一个作为金钱客体的话语的古怪之处。现在，既然和饮食相关的困难已经解决了，这个问题就占了上风。L 夫人给每个孩子都开了一个账户，以银行的模式运转。因此，金钱大部分都是虚拟的，而不是真给娅森特一些零钱。信用或欠账会记在他们的账户上，因此账户有可能亏空。比如 L 夫人替娅森特擦了窗户，那么小女孩就要把相对应的金额付给妈妈，作为妈妈做家务的钱。因为是 L 夫人决定家务中什么事情归她管，什么事情是孩子们的事情。同样，也是她决定什么家务需要重新分配。所有决定似乎都可以由她随便撤销。在开销方面，我们进入了没完没了的诡辩的领域。显然，需要一个本子或一本课本，这是一个学生的正常开销，而电影票则归属于日常休闲活动的范畴。但是，这条裙子和这双鞋子呢？裙子太淑女了，鞋子太运动了？这些都没有算在日常零花钱之中。它们是否符合 L 女士对高中女生的设想呢？它们被归到月津贴中。这样，娅森特在没有参考她妈妈觉得她想要什么的情况下，她什么都不能想要。在妈妈目光不在场的情况下，她什么都不能做，妈妈的目光甚至限制了做某事的可能性。L 女士间接地生活着女儿的生活。

没有反对

会面是怎样付费的呢？钱的来源并非无足轻重。当然，我从来不会问娅森特，但我就是从这个问题开始她的精神分析的。对我来说，会面的费用从哪里来不重要，甚至娅森特为什么来都不重要。问题不在于回到她宣称的游戏之中——如果她对分析的兴趣和她做女人的欲望相关，那么她自己给会面付钱；如果想要问更多关于学业的看法，那么父母为此付钱。我们的会面继续。有时迟到了，有时会面时沉默了，有时或者她感觉到在属于她的时间中来不及说出一切，价格都是一样的，这不可能没有碰撞、冲突和质疑。而恰恰在这些情形当中，都是面对同一个并无欲望去占据她位置的精神分析家，娅森特才可能找回自己的词语。她最终通过兼职工作获得了自己的独立，除了食宿还在父母家，她要求不为此做出什么抵偿。

这个故事只是做了浓缩表达，仅勾勒出了故事轮廓，但其中最突出的，是年轻女孩表面上的自在。我们在这里又看到了厌食的英国中学生描绘的东西。娅森特，被母亲关于金钱的词语占据，没有意识到当时事情的疯狂程度。另外，她也不是因为这个才来找我进行精神分析的。是借着会面的时机，再加上恰好她自己在给我付费的时候引发的话题，娅森特才表现出了她话语当中的古怪之处。这样，她才得以发现她母亲的词语中包含的东西。这些词语见证了一种症状，但这不是娅森特的症状，即使是她忍受了这一症状，甚至参与到其中。

第七章

会面中的物品

在精神分析家的办公室里，在墙上挂着或者在书架上摆着的物品里，我们经常会看到一个大胡子男人的照片，表情一般都很严肃。他坐在一张扶手椅里，有时候在读书，有时候站立着，旁边还有一个年轻女人，穿着阿尔卑斯山地区的传统服饰；也可能只是一张简单的画像，画像中他右手食指和中指间往往夹着一支雪茄。弗洛伊德就是这样出现在精神分析现场的，有时候身边还有自己的女儿安娜。如果照片中的男人是没有胡子的，看上去狡黠而嘲弄，甚至在炫耀一只手柄形状的雪茄，那就是雅克·拉康。两人的形象有可能同时出现。也会有一些其他形象，不过比较少见，比如有一张照片上有六个人，目光专注，他们在旁边，陪伴着中间的一位大胡子先生，这是一张拍摄于 20 世纪 20 年代的照片，表现的是精神分析界的先锋和他们的导师；或者是一位有着灿烂的天使般笑容的女士，这是弗朗索瓦兹·多尔多；又或者是一位偏瘦的男人坐在书桌前，那是唐纳德·温尼科特（Donald Winnicott）。但是，如果您在一位精神分析家的办公室看到梅兰妮·克莱茵的照片，您要注意了，他并不一定是完全正统的梅兰妮·克莱茵式的分析家，因为正统的克莱茵式分析家办公室里只有中性的墙，任何表达分析家本人欲望的东西都不被允许出现。

声音和小玩意儿

某些精神分析家工作室中还会出现一些特别的物品。可能是原件，也可能是仿制品。排成一列的古代小雕塑让人们想起弗洛伊德的系列收藏，以奇特方式交织的线团表现出拉康的弟子正沉浸在博罗米结[1]当中。不过，如果说分析家会顺着自己的脾气和品位，用他想要使用的物品装饰自己的办公室，尽管这些物品并不一定代表着他的精神导师，但办公室里一定不会有任何家庭照片或自己孩子的画作。精神分析家不会在工作的地方张贴出自己妻子、丈夫或孩子的照片。这些人应该待在阴影中，像脚步声、遥远的话语或笑声，他们没有权利在会面中出现。在精神分析家的办公室中，他们自己的孩子不应该比精神分析家接待的孩子更多地展现自己的艺术作品或想象力。精神分析家总是在自己的小天地中通过布置展现出一部分的自己，但是只能展现自己。他只应该让来见他的分析来访者进入这个空间之中。家庭照片或者其他孩子的画作都意味着多余人的在场。“您女儿的钢琴有进步。”虽然这只是邻居在弹音阶，对于感到自己所进行的分析治疗没有进展的分析来访者而言，这是在向分析家表明有一些开业者（指钢琴老师）是在督促学生进步的。“您妻子的新车很好看，但是很贵。”但我不知道分析来访者遇见的是哪个女人，我要用所有非法挣到的钱，才可以送出这些豪车。分析家的亲人们越是神秘，治疗就越可能顺利地取得进展。

小玩意儿、书、熟悉的声音或意料之外的声音、厨房的气味或芬芳的香气、墙的颜色、地板和地毯，还有精神分析家声音的音色、穿着和发型，这么多的元素在这个或那个时候都可能对分析造成影响。这些元素让大家得以谈论爱情、仇恨、嫉妒，得以说出对

1　博罗米结（Borroméen），名称来自博罗米家族军队制服上的图案，由三个圆环套叠组成，如果其中任何一个圆环脱落，另两个圆环也会分开。拉康晚年对之着迷，以此为模型来探索精神结构中符号界、想象界和实在界的关系。译者注。

死亡或对力比多欲望的言外之意。通过这些中介，无意识的话语得以表达。无论愿意与否，是精神分析家向分析来访者的辞说提供了这些物品。有时候这些物品让分析来访者惊讶，他从来没有在壁炉的槽线造型里看到过一个处在出生时刻、正摆脱母性身体的孩子的头。有的时候物品也不那么惊人。我对于凡尔纳的兴趣众所周知,因此,一个分析来访者告诉我他发现赫策尔[1]家有个版本,它的价格可以打败所有竞争对手,从而唤起我的欲望。这非常合理。或者，另一个人用一段比较有攻击性的话语，告诉我他是如何在童年时代销毁了那些相同的书。精神分析家要避免询问书商的地址，也要避免训诫那些破坏圣像的人！在成人精神分析实践中，分析家的物品正是以这种不动声色的方法介入到治疗之中。除了躺椅和扶手椅，分析家几乎不用任何东西，除了词语。

玩耍

儿童精神分析需要使用物品。临床实践者将这些物品推荐给年幼的分析来访者。推荐，但并不强制。这些物品让小男孩或小女孩可以通过玩耍表现出他们的想象生活。如果成人用的是躺椅，那是因为他们丢失了大部分和孩童一样玩耍的能力，也就是说失去了直接将他们想象世界中的行动通过玩具展现出来的能力。视野中对象消失——精神分析家在躺椅背后自己的扶手椅中——躺下，肌肉放松，让成人可以专心思索围绕着他的部分现实。他重新找回了玩耍的一种可能性，从那以后就是和词语玩耍。

在儿童精神分析实践中，游戏本身并不是目的，但也不是弥补言语缺失的手段。游戏组成了会面内容的一部分，和会面中说出的话地位相当。我们知道，对此必须要进行一些步骤——这就是提出请求的时间，并且咨询地点的框架要界定好。孩子不是来证明

1　赫策尔，凡尔纳作品的出版商。参见本书第三章。编者注。

自己擅长绘画、塑形、搭建场景的，也不是来展现他有教养、会讲道理，或者相反的。跨进分析家办公室的门槛，一部分的社会常规就要放下。听到父母的命令："对先生说再见。你离开前有收好玩具吗？"分析家都会回答说这里的规矩和家里的不一样。小女孩不一定要行屈膝礼，小男孩也不需要把士兵收回盒子里。从那以后，在运用自己可以用的物品的同时，孩子可以向我展示出需要听见的话语，而这一话语不一定要通过词语表达。

但词语并没有缺席。词语解释，词语强调游戏，词语说话。两个小人物对话，一个印第安人和一个牛仔握手言和，一只狗和一只狼在生活中相遇，一组小车和卡车相撞。沉默的地位改变了。保持沉默不是拒绝说话，而是有意识或无意识的反抗，对缄默经历的重复。在沉默中，通过游戏，词语被绘画、泥塑、小士兵打架、洋娃娃做饭所代替。只有当没有话语，也没有任何动静，当一个孩子直挺挺地坐在椅子上，或是直愣愣地躺在地上不动的时候，分析家才会思考治疗中什么停止了。因此，需要仔细地关注每一个微小的活动。有时，孩子想要擦掉他画错了的一笔，这画错的一笔其实就是口误，不停地把小木狗弄掉在地上就是用动作重复过失行为。

儿童的狂怒

X先生是一个年轻的分析家，刚开始私人分析实践。在此之前，他只在医学—心理—教育中心接待过孩子。他很开心自己能离开那个无名办公室，也很开心能丢下那些多多少少坏掉的玩具——那个诊室中所有医生共享的那些玩具，也很开心可以丢下颜色混在一起的橡皮泥，那些橡皮泥总是揉在一起成了一种淡灰色。他根据自己的喜好布置了自己的私人办公室。除了一些塑料小士兵之外，他又增添了一些好看的木头玩具。他建立了一个马克笔仓库，保证每支笔都没有干掉，都可以使用。

奥拉斯是他在这一新环境中最早接见的孩子之一。这个十岁的小男孩是重组家庭中最小的一个。他和他妈妈以及妈妈的新伴侣一起生活。妈妈的新伴侣有两个儿子，一个十二岁，一个十四岁，他们和奥拉斯关系不太好。现在，孩子们尽量不见面，见面一般会产生矛盾。不怎么见面之后争吵就减少了，但是一种内在的盛怒和悲伤纠缠着奥拉斯。X 先生很快意识到这小男孩对自己有着父亲化的理想。孩子的父亲那时住在国外，他很少来见自己的儿子，只是偶尔才问一下他的消息，而奥拉斯的继父非常关心自己孩子的生活。不过，每次奥拉斯和自己父亲的见面都被安排得如同节日一般，礼物、游乐场、孩子喜欢的餐厅，轮番上阵。和父亲一起度过的几天对奥拉斯来说，就是生活在美妙世界里的日子。

在 X 先生看来，小男孩和父亲见面后一定会产生失望。当他们见到彼此的同时，他已经知道很快又要分离。对奥拉斯来说，这已经是一个压抑的时刻，这个时刻首先由节日的表象掩盖。在会面中，他用小汽车展现了一个赛车的场景。他将兴高采烈的观众围着赛道摆了一圈。比赛结束后，一场事故导致了胜利者的死亡。然后，两群观众打架，他们都死了。在这个游戏中，X 先生将胜利者死亡的事故视作奥拉斯爸爸的离开，而观众的打架代表了小男孩父方和母方家人之间的对立。奥拉斯的母亲对奥拉斯继父的喜爱超过了她对奥拉斯父亲的喜爱，她热切地欢迎了奥拉斯的继父，其父方家人因为她离开奥拉斯父亲而非常憎恨她。

一件美好的物品

突然，治疗的原动力似乎停止了。我们无法再超越这种第一层面上的解读。奥拉斯丢下了车和小人玩偶，拿起一只小木狗，小木狗是 X 先生为他的办公室新添置的物品。小男孩虐待这只可怜的小狗。他用马克笔画它，让它失去美丽的外表。他不小心把小木狗摔在地上，然后再摔。最后狗的一只爪子坏掉了。X 先生不能忍受了。“这个孩子惹到我了。”他在和我的会面中说。他补充道：“我理解为什么他的继父会对他发脾气。这个孩子让人难以忍受，他不停地挑衅，不停地寻找底线。”X 先生的解释来自于对他心理行为的理解。精神分析家在活动中通常是拥有理智的，因此能更遵守规则，也更为细致。“您明白，他弄坏了我精心为办公室挑选的玩具。他知道我喜欢这些木头玩具，他在玩那些微不足道的塑料小人时就很小心。”他总结道。这就是揭开反抗大门的钥匙。钥匙就在分析家的身边，X 先生这样关心自己的玩具，所有对玩具的攻击都是对他个人的攻击。

在会面过程中，小男孩和他对待木狗的方式，成为他对父亲怀有的无意识憎恨的一部分，但是移情因为分析家的反抗遇到了阻碍。移情是无意识的。奥拉斯不知道他选择了这个小狗来表达其代表的事情，也不知道这个小狗使他得以表达出这个事情。这个玩具和他爸爸送他的玩具一样美丽，一样经过了精心的挑选。奥拉斯将他不能表达出来的仇恨加到了狗的身上。由 X 先生带着爱意精心挑选的玩具被毁了，玩具被乱涂乱画，一只爪子还断了。精神分析家在这里承担着孩子对父性角色的移情。奥拉斯没办法憎恨父亲送给自己的玩具，只能攻击会面中的玩具。无意识间，被憎恨的父亲形象移情到了 X 先生的身上。不过，小淘气鬼什么都不尊重，让精神分析家感到受伤，他生气了。他听不到奥拉斯在攻击玩具狗的时候表达的东西。在和我的督导会面中，X 先生回忆起小男孩的话语：“这是一只杂种狗，想要装成高等品种的狗。它有的是狂犬病（rage）[1]，它没有什么血统。”他纠正道。X 先生没有注意到那只木头狗在孩子的词语中与孩子的名字联系了起来：Horace（奥拉斯）可以被写作“haut race”[2]（高等血统或者品种）。奥拉斯非常生气被自己的父亲抛弃，他不再是出身优良的、

1 “rage”，此词指狂犬病，另一个意思是指“狂怒”，作者或有一语双关的意思。译者注。

2 “Horace”与“haut race”，在法语当中发音相同。译者注。

被宠爱和尊重自己的父亲养育大的孩子了。在毁掉玩具的同时，奥拉斯讲述到他的仇恨，他无法用日常言语表达的仇恨。他不恨分析家，除了在移情的过程中。他弄坏分析家的一个玩具，不是想要惹恼 X 先生本人，也不是在寻求 X 先生宽容的底线，他只是成为纠缠着他的幻想的一部分。X 先生把握了这个状况，在之后的会面中重新开始治疗。同样，这个机会也让他注意到，在为儿童的精神分析实践准备物品时，他得当心，需要无视自己。

付诸行动

会面的物品应该经过挑选，但同时，分析家也不应该太关注或太珍惜它们，否则这些物品就不应该被视作与词语具有相同的用处，即我们叫作“共有”的名词、形容词、不属于任何人的动词和副词。语言对精神分析来说有一个非常有用的特质——语言可以在不被摧毁的情况下被虐待。口误和新词，动词变位的错误和句法的错误不会杀死一个句子。不过，精神分析家不仅仅是一只倾听的耳朵，而分析来访者也不仅仅是一张说话的嘴巴。他们双方都有一副身体。这个身体被抚摸、冒犯，是愉悦的对象，也是痛苦的对象。精神分析实践的目标在于为了话语而与感受保持距离。凭借带有身体的感受及其直接性，幻想的词语具有优势。分析来访者和分析家一样倾向于独立于他们的身体。性愉悦、施虐的喜悦、受虐的痛苦、母亲的侮辱、照顾宝宝，这些经常被想起，但从来没有在原地重复。节制让精神分析成为可能。

有时候，压力太强了，词语似乎不再足够，那么身体就上场了。身体产生了被精神分析家称作“付诸行动”的过程。这个过程很少是性关系的、拳头的或侮辱的，我们大部分人身边的陪伴者还是不错的。这一过程更多的是摔门、打碎花瓶、半夜的电话铃、扔到地上的钱。当词语无法再支撑精神分析揭露的内容，物品就为行动付出代价。如果行动似乎以无法补救的方式违反节制规则，或者如果事后无法再用词语表达，这可能导致治疗的终止。但是，中止不是付诸行动的必然结果。

小士兵和铅笔

在成人精神分析中，物品，甚至送到分析来访者手上的物品，都不是用于会面的。不过，当精神分析家接见孩子们时，他通常都要为治疗准备一些物品。并不是办公室中出现的所有物品，而是这些物品中的一部分。在办公室里，可以有钢笔、日程表、裁纸刀；在房间里，我们还会发现书本、小雕塑、电脑，或其他一些并不是用于精神分析的小玩意儿。如果必要，分析家会告诉他接待的小男孩或小女孩哪些是为他们准备的。但大部分时候都不用，因为孩子们很快就能认出物品中哪些是用于会面的。使用一个不被允许的物品是阻抗的原动力，是有待理解的付诸行动。在这里，分析师能够拒绝把从旅行中带回来的陶土花瓶、最喜爱作家的石膏半身像或者他使用了二十年的钢笔置于危险之中。也不应该测试小捣蛋鬼，要避免在工作的房间里展现自己的古旧玩具收藏。

每个分析家，根据他觉得必要的事情，选择一些物品，推荐给他接待的孩子。有时可能非常少，橡皮泥、几张纸、一些铅笔。有时候则很丰富，大大小小的各种材质的动物、士兵、火车、汽车、洋娃娃、玩具化妆品等，全部物品都可能提供给孩子。只需要注意别让办公室成为游戏室。最常见的是，物品数量足够合理，能让孩子认出全部玩具。这样，孩子可以在每次会面时找到自己感兴趣的玩具，也就是说找到和他相关的玩具。为了自己的分析工作，精神分析家在集市中或者货摊上找到合适东西比在玩具店中更容易。成袋出售的小士兵，全都是灰的，刷了三刷子颜料，就变成了适合最恶劣战斗的玩具，而分析家不用担心这些玩具的命运，当它们实在不能用了，总有另一包可以用来代替。一个塑料材质的小玩意儿，过家家的玩具，一些长毛绒玩具和十几辆车，再加上不是名牌的娃娃。一些火车站（加油站）的恐龙和酒店的迷你果酱罐有同样的用处。所有这些物品只在我们赋予其价值时才存在。

在咨询中心的办公室里，也就是我见达米斯的办公室里，那里有一些别人留下来的玩具，我剔除出了一辆丁基玩具[1]的汽车和一个佩蒂–科林[2]的小浴缸，它们可能是因为巧合才出现在那里的。这些玩具对爱好者来说有某种价值，所以我无法忍受这些玩具的部件被孩子们粗暴对待。对我来说，这些玩具从来没能简化到只是儿童游戏的单纯表示，这些玩具没能成为词语。同X先生和他的小木狗一样，通过它们，我没能听到一个小女孩想用迷你车对我说的话，或者一个小男孩想用赛璐珞娃娃告诉我的东西。但是，或许爱好在车库里收集恐龙的收藏家或是喜欢酒店小果酱罐的收藏家会惊讶地发现我的材料中有这些东西。

花娃娃

不过，有些物品很特别。存在一种真正弗洛伊德式的成套玩具，包括爸爸、妈妈、儿子、女儿、宝宝、祖父祖母玩偶，还有它们的小道具。奶瓶、尿壶和其他有特定目的的东西提供了包含口欲期、肛欲期和恋母情结发展期的所有元素，也包含了俄狄浦斯情结和阉割的表达。小箱子意味着工具箱，工具箱里有各种各样的工具，就像一个真正的工人要选择称手的锤子、螺丝刀和钳子时的工具箱。这也就是弗朗索瓦兹·多尔多在使用花娃娃时所做的事情。

第一次会面的时候，我们看到多尔多建议维罗妮克的妈妈负责中午的一餐，让她丈夫晚上独自准备晚餐（参见第五章）。这样就避免了一件事：维罗妮克的父母对于吃什么东西有分歧，这导

1　丁基玩具（Dinky-toys），英国的一个玩具品牌，以制作1∶43的合金车模型著称。编者注。
2　佩蒂–科林（Petit-Collin），法国最古老的玩具制造商之一，擅长以传统方式制作玩偶。编者注。

致维罗妮克拒绝吃东西，她以此来满足分开父母的欲望。“在给了她关于午餐的建议之后，多尔多要她为自己的女儿做一个花娃娃；她在一张纸上画出来，高约25~30厘米，蔬菜的绿色，长得像人形，但是没有脚也没有手，没有前也没有后；至于脑袋，没有脸，椭圆形的头，上半部大约在眼睛的位置被砍掉，取而代之的是一只花冠，黄色小圆片作为雏菊的花蕊，环绕着白色花瓣（用毛毡或者浆布做成）。这个娃娃做出来了，她把娃娃放在女儿的玩具里，而不是作为一个礼物送给她。”[1] 维罗妮克的妈妈受邀观察她女儿怎么对待她的花娃娃，且不能干涉，即使女儿可能会把娃娃毁掉。多尔多预先和维罗妮克的妈妈说可能她要再做一两个，建议她留着模板。请她制作这样一个物品的建议，我们可以从几个不同的角度去剖析。

这不仅仅是让维罗妮克的妈妈积极地参与到自己女儿的心理治疗之中，同时也是将她自己放到心理治疗师的位置上。她被告知，作为一个分析家，她不应该期待任何感谢，如果女儿弄坏了花娃娃，她也不应该抱怨什么。她不应该期待这一赠送会被认可，如果娃娃被毁掉或者维罗妮克无视娃娃，她也不应该感到受伤。她被要求像一个分析家看待工作室里的其他玩具一样看待这个布娃娃，她被要求在咨询当中讲述她的所观所感。这样，多尔多找到了进行儿童精神分析的一些最初条件。在精神分析的编年史中最著名的、以“小汉斯”为名的孩子，通过父亲的介入治愈了对马的恐惧，弗洛伊德转述的那些看似最微不足道的话语都被极为仔细地剖析和研究。[2] 父亲给弗洛伊德带去了他看到的儿子的行为，以及他在儿子口中听到的东西。那个时代，弗洛伊德有过一次和赫伯特·格拉夫（Herbert Graf），也就是小汉斯的简短会面。

---

1 贝尔纳·蒂斯，同前，第3页。

2 弗洛伊德：《一名五岁男孩的恐惧症分析》（*Analyse de la phobie d'un garçon de cinq ans*），《弗洛伊德全集／精神分析·9》。

不过，花娃娃不仅仅是为了观察和见证问题。分析家们如果接受他们的玩具遭受虐待，通常就不会为要见的孩子们制造玩具。花娃娃不是多尔多本人裁剪和缝制的，而是维罗妮克的妈妈做的。精神分析家一直在她身边，告诉她娃娃的命运就是被毁。她应该接受她的女儿无视自己给她做的物品。花娃娃应该能够忍受一次摧毁行为，而维罗妮克的父母不应该怪罪他们的女儿。我们在这里直接进入了无意识的原动力。这是一个从妈妈那里得到的物品，而小女孩可以把它毁掉。

是与否

这个花娃娃，植物娃娃，代表了婴儿人生最初时刻的被动性。娃娃没有脸，没有感觉器官，没有四肢，身体上没有任何孔。通过毁掉这个娃娃，孩子被带向了对植物性障碍的超越，而她正是困在这一障碍之中；同时，孩子也得以克服对母亲的依赖。在最初的会面之中，花娃娃让维罗妮克得以对禁止谈论与言说的东西有所准备。在和分析家的对话中，小女孩让别人对娃娃说“不”。但同时，她屁股在椅子上扭个不停，对此，多尔多理解为这是一种用身体说“是”的方式。花娃娃让我们知道障碍所在，障碍的根源我们在维罗妮克出生时发生的闹剧中已经看到。

从那以后，在会面中，娃娃表现了障碍，表现了这个“不”，小女孩维罗妮克能够继续自己的发展。“小女孩说‘是’就好了，如果这样妈妈要面对‘不’，那就面对吧。”[1]第三次会面时精神分析家总结道。接着，小女孩不再关心娃娃，用另一种方式摧毁了它。在总结会面中，娃娃被放在一边，小女孩玩起了橡皮泥。通过塑形，我们看到了黏着妈妈的宝宝，看到了女生和男生之间的差别，看到了所有面对一只花娃娃时看不到的事情。

---

1 贝尔纳·蒂斯，同前，第 9 页。

袋鼠

因此，这个物品在维罗妮克的分析中是一个关键性的元素。许多精神分析家总是会使用一个花娃娃。对某些人来说，花娃娃是精神分析材料的一部分，不一定要是他们接待的孩子的妈妈做的。但是弗朗索瓦兹·多尔多这样解释她所做的：她不会将她会的技术强加给任何人。每个人的工具都应该是适合每个人的。

在我为那些来见我的孩子们准备的物品当中，有一只袋鼠，是多尔多让做的布偶之一。在特鲁索医院，年轻分析家们可以时不时地买些自己的东西。有人可能保留一些长毛玩具用于个人的目的，给他们自己的宝宝或者他们将出生的孩子。我的袋鼠逃开了这一命运。这只袋鼠是棕色的，有两只眼睛、一只鼻子、大大的耳朵，做得挺真实的，还有个育儿袋和两只小袋鼠，一只深色一只浅色。无可争议的是，这是一只袋鼠妈妈，两只从她育儿袋里探出头来的袋鼠宝宝和它有一样的脸，而且嘴巴也很清晰。不过，这两只小袋鼠的外形让人想起人类的宝宝。肚子、手臂、直直的腿都很像婴儿的身体。我们无法想象这样的两个小东西能够跳跃。我们也不能想象袋鼠妈妈能跳跃，它的两条短腿和宽容的神情显示它似乎完全不会惊扰到它的两个宝宝。这个毛绒玩具是用羊毛做的，既柔软又坚固，既家常又特别。两个宝宝在同一个育儿袋里，它们可以一起玩耍，即使它们不是双胞胎。

直到会面这天，对伊斯墨涅来说，这只袋鼠并不比其他毛绒玩具，比如狮子、海豚或者松鼠，更吸引她的注意。我和这个女孩子的会面持续了一年多。这是一个漂亮的金发小女孩，穿得有点像个洋娃娃。有很长一段时间我都看不到她的眼睛，她的眼睛一直低着看地上，或者看着旁边。我第一次见到她时，她三岁，还挺让我焦虑的。我寻思着她是不是被关在了一种气泡中，我同时也惊讶于在那之前都没有人担心过她的所作所为。伊斯墨涅来的时候在哭，在地上打滚，眼神游移不定。这就是她通常的态度，她爸妈那时这样跟我说。她不说话，重复着一些父母话语的片段，完全无视其他孩子，很难忍受远离自己的妈妈。只要妈妈在，她就要黏着妈妈。爸爸在的时候，可以保留一定距离，但是他一定要在她视线范围内。

沉默的密谋

在认识伊斯墨涅之前，我先见了她的爸妈。关于他们女儿的故事，M 先生和 M 女士没有什么特别要说的。他们的工作非常忙碌，直到最近才意识到伊斯墨涅的困难。不过对他们来说，那只是语言能力迟缓而已。他们经常去见儿科医生，但什么都没有发现。他们没有为此担心，直到一个他们认识的心理学家去他们家做客后，才建议他们来见我。

在这次对谈中，我了解到伊斯墨涅出生之前发生了一次灾难。几年之前，他们有了第一个孩子，一个男孩子，五个月的时候突然死了。这让 M 女士陷入严重的忧郁之中，住院之后又接受了药物治疗。她从来没有真正地从这次忧郁里走出来。但是她原来不是这样认为的，她觉得伊斯墨涅的出生让她从忧郁状态里活跃起来，以至于她在怀孕的时候就停了药。产后抑郁症在这一时间里转变成了神经衰弱。她不能正确地照顾婴儿，她对来接她班的外人没有信心，M 女士补充说，只有她妈妈可以代替自己，但是她妈妈在她十岁时候去世了。M 女士关于女儿的情绪矛盾如今因为精神治疗重现。她自己寻思，也询问她的丈夫，伊斯墨涅的迟缓是不是有些生理学的原因。她想到怀孕之前服用的抗抑郁药可能会产生的残留影响。当然，所有这些，之前从来都不是伊斯墨涅的问题。她不能理解这些，这些都不是原因，M 先生补充说。

因此，这是一种组织已久的沉默密谋。没有人想要听到 M 女士在儿子死亡时候的负罪感，也不想要听到这次死亡在她身上再次唤醒的——她妈妈的过早死亡。抑郁的核心不仅仅是对自己孩子消失的反应，住院、药物治疗以及拼命地工作都是为了治疗它。所有这些都在怀孕的时候停止了，而伊斯墨涅出生之时，忧郁重新占据上风。从那之后，M 女士在别处，在更为忙碌的职业活动中，在没完没了的哀悼中。有时候，伊斯墨涅出现在生活中，妈妈抓住女儿，她们彼此相互依赖。M 先生，出门很早，回家很晚，累积了很多工作和不同的责任。没有人给他指出女儿的严重困扰。诚然，他不承认这些困扰，他不想要看到这些困扰。但是如今，在会面中，他意识到这个问题，开始寻求解决方法。在这次会面之后，她的医生终于建议伊斯墨涅去接受一个专门咨询。她去见了精神病医生，很惊慌，但 M 先生和 M 女士决定让他们的女儿接受精神分析的治疗。伊斯墨涅接受每周两次的心理治疗，转变很快。现在她会看，会说话，会提问。即使她没有一直期待回答，但她可以和另一个人说话了。

小罐子和盖子

袋鼠进入会面的那天，我刚从一次旅行中回来。我出去了两个星期。那是第一次，伊斯墨涅在我进门的时候和我说："阿夫纳拉先生，您好！"她有些犹豫，但是她看着我，和我说话。她和我打了招呼，尽管或许是因为我离开了很久。从一开始，伊斯墨涅在会面中就有些偏好的物品，特别是一些空的小果酱罐子。她开始先是排列这些罐子，我们之间相互交换，我把罐子打开，她把罐子关起来。这些罐子同时是我们之间联系的载体，也是我们对彼此界限的理解的载体。这些罐子有里和外，有罐子和盖子，罐子被盖上又被打开，有些很相像，另一些不太一样，并不是所有盖子和所有罐子都相符合。有很长一段时间，为了开盖子和盖上盖子，我的帮助对她来说都很重要。一开始，她拿着我的手，不说话，也不看我，为了要我帮她弄盖子。现在，当她还需要帮忙时，她会用词语的方式询问我。

今天，伊斯墨涅坐在地毯上。她把罐子排成一列，打开，关上，试着不同的盖子。她有时会看看我，好像是在确认我还在不在那里，是不是坐在我的扶手椅上。我感觉到她在感受，在知道我缺席一段时间之后，她在我在场的情况下有了独处的能力。也就是说，她在确认，在别人的眼神下，当别人在身边陪着她的时候，她可以做她想做的。直到那时，伊斯墨涅和别人的关系要么是建立在完全的缺席之上，要么是在异化之中。有时候她可能在场，但是在围绕着她的人即父母的眼睛中不存在。同样，伊斯墨涅也因此完全无视其他人。语言上的障碍在这里表现为不是对说话的拒绝，而是对话者的缺席。在其他时候，她可能完全黏着别人，特别是她的妈妈。在这一情况下，她同样没有话语，因为她没有属于自己的语言。其他人的在场是异化的，具有攻击性的，以至于她不再是她自己。并不是她的欲望被禁止了，因为这个时候，她没有自己的欲望，她和别人是融合的。一些孩子在接受教育时就这样被工具化，被视作物品。但当伊斯墨涅和她的父母进行精神分析治疗时，这就不再是他们曾经走的路了。

缺席的分析家

但是这天，轮到我在她在场的时候缺席。可能与往常的情况相反，是我没能完全从旅行中“回来”。另外，我在会面中也迟到了。我感觉到伊斯墨涅今天什么都不想问我，我开始想其他事情。有人要我周末做一个精神分析大会的闭幕演讲，但我什么都没准备好，我要说什么，我什么时候有时间准备？有一段时间，我的心已经不在会面中了，我没有立刻意识到这点。伊斯墨涅停下了游戏，然后走向我，完全就像我们见面的最初，她递给我一个罐子和一个盖子，没有看我，没有说话。她没有讲出请求的语言，而是抓住我的手，为了要我去盖上罐子，为了要我把金属盖子盖到玻璃罐子上，为了吸引我的注意力。这就是这个小女孩在最初会面中做的，她如此频繁地面临着成人在自己在场的时候缺席。

一段时间里，我自己同样也在别处。我没有让自己更多地为伊斯墨涅移情，我没有在想这个小女孩的欲望，而是在想别的，在想这些会议的参与者和组织者，他们在期待我说出什么。我重复着这个孩子困扰的根源。于是，在和我一起的这个时候，伊斯墨涅重新经历了她太了解的事情：和一个成年人在一起，但是这个成年人完全关注着她陌生的事情。在分析活动中，存在一些特别的时刻，会将精神分析家带向思考自己欲望的问题。在儿童分析实践中，这不可能不被察觉，因为眼神、身体、会面物品都在场，且都以具体的方法被使用。我对伊斯墨涅说她明白了：有一段时间，我在她在场的时候缺席了。因此，我不太能将这次称作“重新开始会面”，因为会面从未中断，应该说是重新开始把握会面。

在这之后，伊斯墨涅第一次表达了对袋鼠的兴趣。她抓住袋鼠，从袋鼠的育儿袋里拿出一只小袋鼠，扔得很远，然后用递给我的罐子假装给留下的那只喂食。直到那时，袋鼠和两个小袋鼠被分开了，而不是被无视。她把它们从箱子里拿出来，放在旁边，就像为了摆脱它们，然后拿起别的玩具，通常都是她在会面中使用的小容器。我注意到她对待箱子里其他毛绒玩具的方式不太一样。我记得那时是她第一次以这种方式对待袋鼠，那是一次和她妈妈一起的会面，那次我们在讨论在她之前死去的小孩子。我明白，通过她的游戏，她直接成为了困扰她妈妈的问题的一部分——怀上伊斯墨涅之前小孩的死亡，突然的消失。而且更明显的是，我因为自己的缺席，刚刚无可争议地占据了这个她想法中丢失的母亲的位置。这样，袋鼠和它的两个孩子占据了一个新的位置。它们在会面中非常活跃。它们不仅仅是通过它们的远离而在场。这是一次压抑的消除。

这也是代表活生生的人登上了舞台。精神分析舞台本身的结构能让一个人在台上找到自己的位置。通过我的缺席，通过思想的离题，伊斯墨涅重新经历了生活中其他人缺席的时刻。她妈妈的缺席，是困扰她的主要原因。到那时为止，她都没有在分析活动中经历过，我一直放在她身上的关注点是我对她状态的担忧。

当我看到她好了一些，我的注意力减退了；我不再处于分析家悬浮关注的领会之中，我的倾听很快就消失了！伊斯墨涅将我带向了会面的表面，同时让我想起她怎样对待其他心不在焉的人。缺席者，人们不和他们说话，对待他们像对待提线木偶一样。不过，和她与围绕着她的大人一起经历的不一样，我没有离开很远。我立刻回来了，我和她解释了我的缺席。我们在治疗中建立了一个空间，可以忍受类似的来来往往。这个空间包括，在房间里，伊斯墨涅和我，同样还有一些物品。所有这些元素都可以在场或缺席，从来不是确定性的。用小罐子（其他同样方式使用的物品，篮子、晚餐道具，但是罐子是最有代表性的），我们把注意力集中于绝对的永久性。伊斯墨涅，从她到办公室的那刻起，就急着拿起小罐子。对小罐子的使用同样也联结到关于物品和身体界限的质疑。小罐子可以是打开的，也可以是盖上的，可以是空的或是满的；但是，不是这个，就是那个。同样，伊斯墨涅会黏着妈妈，也会自己待着，或是完全独立于他人之外。相反，袋鼠的袋子没有盖子。它的小袋鼠们可以简单地进进出出。这是一种新的管理妈妈和孩子、人和人之间空间的方法，伊斯墨涅发现了这个方法，并从会面开始运用这个方法。袋鼠成为了必不可少的演员。

嘟嘟[1]玩具

袋鼠妈妈有另一个重要的特点——这是一种填充的毛绒玩具。它的两个小袋鼠一只是栗色锦缎，另一只是浅米色条纹细布，它们完全不起绒。M 先生和 M 女士和我明确说过，伊斯墨涅从来没

1 嘟嘟（Doudous），英语俚语里指孩子喜爱的玩具，一般是一个毛绒玩具，孩子常抱着睡觉，很少离身的玩具，温尼科特视之为“过渡客体”的典型代表。译者注。

有过某个最喜欢的东西，也没有过某个去哪儿都要带着的东西。嘟嘟玩具、布片、被子角、长毛猴子玩具、细毡子小丑、旧手绢，这些对大部分孩子来说是忧伤中的慰藉，是入睡的陪伴。这些东西，自唐纳德·温尼科特起，被精神分析家称作“过渡客体”[1]。它们和其他玩具有所不同，对一些小孩子来说它们不是用来玩的，是表现从母亲到孩子之间的过渡的东西。最初时刻，婴儿不能在他和妈妈的身体之间进行区分，认为妈妈是自己的一部分。过渡物品是妈妈胸部和身体的代替品。在还不完全与妈妈分离的阶段，过渡客体见证了一段过渡的时期，这个时期导向了对两个存在的承认，即一个孩子的存在和他母亲的存在，因此同样也是对外部世界和自身物品的承认。嘟嘟玩具，一般都是柔软材质制成的，让人想到皮肤。孩子吮吸玩具，就像吮吸妈妈的乳房和奶嘴。我们明白，在我们知道的关于孩子的故事中，伊斯墨涅没有拥有这样的一个物品，她没能制造出这样一个物品。她的妈妈完全不在场，或者说完全没有黏着自己的女儿。袋鼠不能代替，是因为过渡客体的阶段已经过去了。

不过，有了这个毛绒玩具，伊斯墨涅发现了和物品接触的欲望。她将和小袋鼠一起，上演和妈妈关系失败的场景。两只小袋鼠不仅仅代表伊斯墨涅和她死去的哥哥，他们同样一起或分别地经历了过渡空间。这个过渡空间对妈妈和孩子来说是共同的。袋鼠妈妈的育儿袋可能是最能引起联想的代表物之一。小袋鼠可以在这个空间中进进出出，这个空间欢迎它，对它的离开也会有所预料；这个口袋属于它，同时也是它妈妈的所有品。对人类的宝宝来说，正是在受到保护的这个空间里，嘟嘟玩具才被发明出来。会面地点和地点中的分析家以及物品，不能创立一个过渡空间，但是允

1　唐纳德·温尼科特：《过渡客体和过渡现象》（Objets transitionnels et phénomènes transitionnels），《从儿科到精神分析》（*De la pédiatrie à la psychanalyse*），巴黎，帕约出版社，1969 年。

许一个过渡空间存在。精神分析家的空间让过渡空间得以重新上演，包括这一空间中的所有失败和成功。在保证这一可能性的同时，我们带着袋鼠一起继续伊斯墨涅的治疗。

会面空间

会面空间的事务安排非常重要。“心理治疗位于这个空间，空间中游戏的两方交叠，即病人的一方和治疗师的一方……在那里，游戏是不可能的，如果治疗师的工作目标在于把病人从一个状态，即不能游戏的状态，转变到另一个状态，即使之可玩耍的状态。”[1]精神分析家温尼科特这样明确表明。分析的第一时间在于建立空间，这个空间不是立刻给予的；有时候，这个空间同样不可能被建立或维持。我们在贝热尼丝的例子中看过，她的妈妈希望得到一个关于大便失禁的科学解释；而在方达西奥那里，唯一的要求就是希望得到对当代年轻人人生和期待的解释。这时，对知识的渴求超越了相遇。其他时候，会面的框架没有得到足够的保护。谢美被从她的分析家的办公室中带出来，带去了一个咨询中心。在父母的分离中，她不能重新开始中断的步骤。Z小姐，被不合时宜的制度介入打乱，不能保持克莱昂特分析的最低限度的框架。

在特殊的状况下，可能需要改变先前的治疗方向。之所以能开始对安德罗玛克电梯恐惧的分析，是因为在她爸爸吐露了关于自己妹妹的话语，这话语让我们得以摆脱行为主义的视角。巴斯亚诺应该忘记他第一位心理治疗师的诱惑。阿尔西斯特，那个呕吐的小男孩曾经进行过排异反应和口触癖治疗。而芙罗琳，她的第一场咨询是一个进行野蛮揭示的地点，面对着有关无意识的伪知识。在这些角度中，没有开始分析的可能。为了开始分析，这些孩子应该在别处找到共享一个空间的能力。

1　唐纳德·温尼科特：《游戏与现实》（*Jeu et Réalité*），巴黎，伽利玛出版社，1975年，第55页。

这种紧迫感使得他们在严重困扰的压力下立刻进入了治疗的轨道。比如，加默兰从他的第一次见面开始，通过他的游戏，向我扔来了一个谜语一样的caroli；而多琳立刻开始给我介绍各种各样的汉塞尔和格蕾特尔故事的不同版本。有些孩子，比如达米斯，对接受精神分析治疗似乎非常惊讶，既然是我需要一份工作，那他就给我这个工作。对其他人，比如伊莱克特，因为她妈妈的强迫性神经症而感到窒息，她可能对这样一个空间渴望良久。即使精神病医院的框架不是分析的框架，埃吉斯特，在他个人的会面中，还是找到了和另一个人相遇的可能性。一些孩子不是主动来的，而是因为周围的人进入了这个地点。热尔韦斯的父母惊讶于这个成为性诱惑牺牲品的小女孩能够接受和我一个人单独待在办公室里。娅森特，以前的厌食症者，自己明白在她的精神分析家和妈妈之间，需要隔开一段足够长的距离才能够进行自己的精神分析。

最后，我们刚刚看到，空间从来不是以确定性方式建立的。X先生，太过于在乎自己的小木狗，无法为奥拉斯构建分析空间。如果伊斯墨涅没有和我一起经历了足够多次的会面，她能够忍受我的缺席吗？一个游戏空间，需要维持。但是在此之前，它首先需要得到建立。付出自己的倾听并不总是足够搭建起这样一个空间，有的时候还需要再进一步。多尔多在花娃娃之后（通过维罗妮克的妈妈实现了第一次介入），推荐橡皮泥给这个小姑娘。小姑娘对此什么都没做。在之后的会面中，她让一个橡皮泥球滚向维罗妮克。这一次，小姑娘抓住它，把它滚回来。贝尔纳·蒂斯指出，她只是在等待这个非话语的[1]能表达自己交流欲望的机会，至此，一个游戏空间得以搭建。以同样的方式，对照达米斯的沉默症，我在没有预谋的情况下做了一个模型，代表了场景：办公室、两个椅子和两个坐着的人。是这个场景，让他抛出了代表自己想

1 贝尔纳·蒂斯，同前，第13页。

法的词语；由小衣柜的模型陪伴，让我们得以明确谁是这两个人。从下一次会面起，他将自己投入画面之中。达米斯选择了他进入分析游戏的方式。他无视了我个人选择的模型，拿起了纸和铅笔。同样，在办公室里，他使用一个黑板，一些彩色铅笔。分析家维持着游戏空间，注意着封闭性，提供一些规则，但是不会强加自己的原则。

接龙涂鸦游戏

工作中有些部分是两个人共同实现的。这里，温尼科特关于儿童精神分析实践的思考曾有所创见，他引入了接龙涂鸦游戏（squiggle）。虽然人们可以把其译为法语的“乱涂乱画”（gribouillage），但精神分析家们还是保留了英语词汇“squiggle”，它说明了接龙涂鸦游戏的来源，它同样将其定义为特定的实践，温尼科特也从来没有希望将其转变成为某种儿童工作的必要手段。接龙涂鸦游戏让我们得以划定游戏空间的界限。我们需要一些白纸和两支黑色铅笔。分析家和儿童，各自听从自己手的灵感，在纸上画一根线条。接着，另一个人改变这条乱画的线，将其画成一个图示，并说明他画的是什么。纸是白色的，这让灰色调的细微差别成为可能。用来画画的文具是铅笔，让我们得以变换线条的粗细和力度，有时候铅笔芯会断掉。

让我们看看温尼科特这些咨询实践中的一例。在一间医院的整形外科治疗部门中，他遇到伊罗，一个患有手部先天畸形的小男孩。[1] 他的症状在扩散，还有头痛、肚子痛、遗尿；他并没有要求心理治疗。第一个曲线是温尼科特画的一条封闭曲线。伊罗没有在画上改变什么，直接表示“这是一个鸭掌”。他接下来的补充曲线完成了一个蹼的形象，然后出现了一只鸭子。接着，是一个号角，然后伊

1　参见唐纳德·温尼科特：《精神分析与儿童》（*La Consultation thérapeutique et l'enfant*），巴黎，伽利玛出版社，1971 年。

罗表达了自己对吹长笛的渴望。“对一只鸭子来说吹长笛很难。”温尼科特认为这个孩子那时还不明白鸭子的蹼是自己缺点的象征，因为他不能接受这个缺点。在狗之后，是一个问号的起笔，是一只鞋子。一会儿是这个，一会儿是那个，最终成了一幅画。然后，温尼科特画了一条曲线，他事后自己认为这条线应该很像一只手，但是伊罗则把它画成了一朵花。但是，通过之后的作画，伊罗又画出一只畸形的手。他自己也很惊讶，这个更像他的手。到这个时候，伊罗可以谈论他的手术，他重新提起了他吹笛子的欲望。“我们因此继续展开他的这个复杂的想法，他确定地想要做一些事情，但是他的缺陷让这些事情做起来很困难，甚至不可能。”[1]温尼科特这样评价。之后，伊罗，看着自己的手，注意到他的缺陷，并第一次非常明晰地将之表达出来。他在手术之后，他有了两个分开的手指，而不是粘在一起的四个手指。

游戏继续，伊罗在玩一个剑的尖，之后他把这个剑尖称作鳗鱼。“人们将把它放在河里，任它游走，因为它那么的小。”[2]小男孩说。温尼科特将鳗鱼看作是伊罗的原初状态，一种出生前的幻想。参照古老身体意象的理论，我们也可以用一种不同的方式来解读，比如，就像多尔多的花娃娃让我们想到的意象那样。橡皮泥做的蛇、虫、猪血香肠，在对孩子的精神分析中，常常是对身体意象的一部分回忆，并伴随一个原始的中轴线，即消化道。但是，这里重要的是温尼科特对伊罗做的解释：“最重要的事情，是我们爱你本来的样子，爱你自出生时就有的样子。”[3]也就是说带着他的残缺的样子。年轻男孩告诉分析家，他的妈妈忍受着同样的残疾。之后的乱涂乱画让人想到一个伊罗妈妈买的灯罩，之后男孩子以一种新的表达方式，继续对他残缺的左手做着准确表达。他

1　同前，第 24 页。
2　同前，第 25 页。
3　同前，第 26 页。

再一次感到惊讶。在倒数第二次接龙涂鸦游戏中，温尼科特画了一只穿了鞋的脚；最后一次游戏，一如既往地复杂，伊罗给一堆乱七八糟的线添加了一只眼睛和几只蹼，画了一只鸭子。

一次治疗咨询

温尼科特在总结他和伊罗的咨询时，强调要回到这个孩子被爱的必要性上，即他曾被期待来到这个世界上。为了回应这个爱的要求，分析家要求见这个小男孩的妈妈。在会面的过程中，这个女人将她儿子的现状归因于一种因果：因为她性欲罪恶感的缺失才造成了孩子这样。她谈论自己和丈夫之间完全令人满意的夫妻关系，但是同样也谈到她每次怀孕时，都担心自己的缺陷会遗传给孩子，从而倍感焦虑。这也就是最终发生在伊罗身上的事。她感觉自己受到了惩罚，于是憎恨并抛弃了这个孩子，直到她想到整形手术的可能性。从那个时刻起，对儿子的爱重新出现了，尽管医院的医疗团队曾评估手术很艰难，咨询也是在这个医院进行的。“她似乎改变了，经历了一个她常常意识到但直到那时都从来没有勇气表达出来的东西。”[1]温尼科特对我们这样说。意识到这点之后，对于手术的期待就更为实际。有限度的干预可以更容易被接受。

为了出版，在修改这些会面记录时，唐纳德·温尼科特又多次注意到，他可以用不同的方式来看这些他们当时一起画的画。比如在鳗鱼中，剑和剑柄是区分开的；倒数第二次接龙涂鸦游戏中，就是他画了一个曲线表示穿了鞋的脚的那一次，他觉得他需要画一幅极普通的画，为了终结咨询而不引入新的元素。当我们看着这些涂鸦游戏形成的画面，当我们阅读唐纳德·温尼科特的文本时，我们同样也可以以不同的方式阐释。比如，我认为鳗鱼是古老身

---

1 同前，第 30 页。

体意象的代表；我同样感受到狗的图画非常阳具化[1]；我也认为转变成花的手，让我们想到了抓住的不可能，因为婴儿们的手常常以花的方式表现出来。

但是，这不是我和伊罗的会面，这不是我的接龙涂鸦游戏。作为参考的精神分析理论的多样性并不是最重要的。至关重要的是，以接龙涂鸦游戏为中介，让孩子表现出一些东西，这些东西他原本不能向别人、向妈妈、也不能向他自己表达。对他来说，这一表达就是他要求被爱，以他自己出生时带着缺陷的样子被爱。同时，这不妨碍我们尝试着让他的情况有所改善。这是一个要求，我们知道根源在他妈妈那里。她可以通过词语表达这些，因为无疑就像温尼科特认为的那样，这些也曾掠过她的意识；当然特别是因为她遇见了一个去倾听这些话语的分析家。罪恶感和焦虑从那以后就不再纠缠在孩子的手术上，它们另走别路了。这里，这个妈妈表达出来的关于症状的词语，对应了这个小男孩在一个分析家那里做出的表达。在分析家那里做的这些表达，借助了在会面时能使用到的物品，比如，这个男孩用铅笔在纸上信手涂画。

1　“阳具化”（phallique）一词来源于名词“phallus”（阳具）。“phallus”不同于“pénis”（阴茎），它指对生理意义上的男性生殖器（阴茎）的象征或者符号性的表达。因这个象征实物有很多是石制的，国内也有时翻译成“石祖”，亦有翻译成“男根”。作者在后文还有详述。译者注。

第八章

儿童精神分析家

精神分析家是严肃的人，他们由理论制造出来。从弗洛伊德以来，成千上万的著述被写就，数以百万的讨论班、专题座谈、学术会议和其他的口头演说形式组成了针对精神分析理论的探究，并且还在继续。正是如此，精神分析始终保持活力。只有无情的诽谤者和愚蠢简单的庸俗化者才会认为精神分析是一座业已完成的建筑，才会认为精神分析就是一张普罗库斯特之床[1]，每个分析家试着让自己的病人躺上去。

精神分析是一种实践

制造理论，意味着尝试对观察到的现象给出普遍的、独立于每个具体情况的解释。这种抽象尝试并没有让精神分析成为一门科学。精神分析是这样的一种实践（praxis）——对支撑精神分析自身的东西不断提出质疑。精神分析家们不是理论解释者，因为精神分析从本质上来说是世俗的，并且他们不停地质疑他们所从事的艺术的根基。他们不仅仅旨在解释症状、口误、神经症、精神病或倒错，他们的野心更在于对内心、精神、灵感的本质，对这个让人之所以为人的本质进行阐明。人是一种不能简化为意识的

1　普罗库斯特之床：典故出自古希腊神话，普罗库斯特是一个妖怪，开设黑店，他将旅行者引到客店投宿，但是店内设有铁床两张，一张太长，一张太短。身高者，被强行安置在短床上，身体伸出的部分就被砍去；身矮者，就强行拉伸躯体与长床相等，直至气绝身亡。由此，“普罗库斯特之床”成为僵化原则的代名词。译者注。

存在，人是一个具有无意识蕴藏的主体。

即使并非所有精神分析家的工作室里都有西格蒙德·弗洛伊德的画像，精神分析家们却都参考了他的发现。这位精神分析大师，从第一部精神分析作品《梦的解析》起[1]，就引入了无意识这一基础概念，并阐述了无意识的众多机制。随着时间的发展，弗洛伊德理论不停地发展、丰富或流失。一些概念出现了，另一些概念消失了，还有些概念变形了。这首先是弗洛伊德和他弟子们的工作，后来是所有精神分析家的工作。不同流派出现，有些流派之间甚至不能相容。其他精神分析家的工作室里可能出现的照片是安娜·弗洛伊德、梅兰妮·克莱茵、雅克·拉康、弗朗索瓦兹·多尔多、唐纳德·温尼科特等，或者是环绕着他们老师站立的首届精神分析家委员的成员们——欧内斯特·琼斯（Ernest Jones）、奥托·兰克、桑多尔·费伦齐、卡尔·亚伯拉罕、汉斯·萨克斯（Hans Sachs）、安东·冯·弗伦德（Anton von Freund），这都意味着张贴这些肖像的人与他们之间的师承关系。但是，与其说这是一种展现师承关系的方式，不如说这是分析家表明他关注领域的方式。他不是在说自己是这个或那个人的儿子或女儿，他是在表明，某位分析家提出的无意识假设的方式在他看来是最为确切的。通过前几章的阅读，读者们应该明白：相比于我没有在我临床活动中提到的梅兰妮·克莱茵或安娜·弗洛伊德，有两位分析家，唐纳德·温尼科特或弗朗索瓦兹·多尔多的提议更能让我理解我的经验。这不是在表明谁的答案更为准确，更多的是在表明是谁给了作为分析家—主体的我一种可能——在拥有我的故事和我的认识的情况下，我更有可能提出适当的问题，也能给我的经验带来一种中肯的假设。

---

1 弗洛伊德：《梦的解析》（*L'Interprétation du rêve*），巴黎，瑟伊出版社，2010 年。

分析的传承

安德罗玛克的电梯，加默兰说出的 caroli 都有其含义。他们代表了主体。这里，拉康学派的人找到了自己的长处，这是拉康从他最开始的讨论班就在教授的东西。[1]在阿尔西斯特那里，孩子像妈妈一样呕吐；对多琳来说，小男孩的画面意味着他在家庭历史中的位置。这些让我们能够从拉康引入的他者概念出发，坚持对一个主体身份的质疑，特别是性别身份。拉康所言"无意识是他者的话语"在这里完全适用。[2]但是对这句话可能的强行解读，会让我们忘记最早来咨询的芙罗琳，那个被领养的小女孩，也会忘记了弗洛伊德关于家庭小说的告诫。我在介绍临床故事的片段时，同样提到了埃吉斯特，在这个充满敌意的孩子的案例中，我们可以借用镜像阶段，以及在重启巴斯亚诺这个孤儿的治疗中，重温拉康关于移情的概念。

如果说 X 先生选择了克莱茵派的精神分析家来解决他的控制问题，这个精神分析家可能会让自己以不同的方式参与到奥拉斯破坏木头小狗的会面中。他肯定有可能找到一种和口欲期相关的解释。同样，如果 Z 小姐为克莱昂特建立的是克莱茵派的工作环境，男孩对带有阳具性质的塔楼的着迷，从第一次会面起就会得到解读。[3]对贝热尼丝母亲提出的要进行清洁困扰的治疗，如果是安娜·弗洛伊德的学生，就很有可能进行回应。谢美，我没有留住她，她从咨询中心走掉了，但是安娜·弗洛伊德的学生则有可能会找到方式留住她。他可能以这个方式也能继续与方达西奥进行工作，有穿孔、特殊发型的年轻人已经准备好开始一系列的会面，为了

1　参看雅克·拉康：《关于被盗的信的讨论班》（*Le séminaire sur La Lettre volée*），见《文集》（*Écrits*），巴黎，瑟伊出版社，1966。

2　参看雅克·拉康：第五讨论班，《无意识的形成物》（*Les Formations de l'inconscient*），巴黎，瑟伊出版社，1998。

3　参看梅兰妮·克莱茵：《精神分析论文集》（*Essais de psychanalyse*），巴黎，帕约出版社，1967。

学习与人生相关的事情。在安娜·弗洛伊德那里，精神分析和教育密不可分。[1]莫德·曼诺尼（Maud Mannoni）似乎并不认同这点，我借用她的方式在谢美和埃吉斯特的例子中区分了戏剧话语和封闭话语，区分出什么能同样适用于其他情况。

在我关于会面物品的介绍中，唐纳德·温尼科特的表达让我得以具体说明治疗空间。达米斯，我给他推荐了模型，在儿童精神分析中构建游戏空间是非常必要的，与达米斯的工作是一个很好的例证。这位精神分析家同样也让我们理解一个玩偶代表什么——玩具也是一个过渡客体，这就是伊斯墨涅没能构建的东西，在我旅行归来后再次开始会面的一开始，伊斯墨涅自己试着在我在场时独处。梅兰妮·克莱茵和她的学生唐纳德·温尼科特描绘了这种独处的能力。[2]两个人都回溯到童年的最初阶段，与母亲的最初联系，也就是伊斯墨涅故事中失败的联系。我们在维罗妮克这个在特鲁索医院那里咨询过的小孩子的故事中，看到弗朗索瓦兹·多尔多制作的身体无意识意象概念。[3]如果说贝热尼丝这个小女孩进行了一次精神分析工作，那么是多尔多帮助我们定位了她大便失禁的问题。但即使我没有提到，身体无意识意象在被侵犯的小女孩热尔韦斯和一切都从嘴里出来的阿尔西斯特的治疗中同样至关重要。精神分析家必须要辨别出来。

精神分析是世俗的

这几个用于临床经验片段的理论参照的快速浏览，不应该仅仅

1　参看安娜·弗洛伊德：《儿童的正常与病理》（*Le Normal et le pathologique chez l' enfant*），巴黎，伽利玛出版社，1968 年。

2　参看梅兰妮·克莱茵：《感觉孤独》（Se sentir seul），见《羡慕与感激》（*Envie et Gratitude*），巴黎，伽利玛出版社，1968 年；唐纳德·温尼科特：《独处的能力》（La capacité d'être seul），见《从儿科学到精神分析》（*De la pédiatrie à la psychanalyse*），巴黎，帕约出版社，1969 年。

3　参看弗朗索瓦兹·多尔多：《人格与身体意象》（Personnologie et image du corps），见《欲望游戏》（*Au jeu du désir*），巴黎，瑟伊出版社，1981 年。

被视作解释的开端，因为解释应该根据不同的个案分别搭建。说话的方式不是这样的：一个例子适用一个理论，或一个理论适用所有分析。这种方式不能被看作是为治疗或会面进行定性。它们不是这部分是拉康派或克莱茵派的，那部分又接近温尼科特、多尔多或安娜·弗洛伊德的表述。精神分析理论始终处于对话之中。在阅读温尼科特对伊罗进行的咨询文章时，我想到了多尔多提出的身体意象的定位；当我沉浸在梅兰妮·克莱茵关于孤独的文章时，我想到了温尼科特的文章；在构想过渡空间时，我参考了被拉康视作欲望原因的客体小 a。研讨会在每个精神分析家身上举行。

说精神分析是世俗的，也就是断言精神分析不是被揭示出来的。弗洛伊德博士不是先知，他的学生们不是使徒。弗洛伊德的发明是一个具有科学目标的理论建设，在他的时代，它具有物理模型和生物解释的希望。在拉康时代，是结构主义和数学拓扑为它提供了支撑。精神分析让卡尔·荣格另走他途，是从他求助于神秘力量开始的；当政治—心理观念将威廉·赖希（Wilhelm Reich）带向一种神秘主义时，笃信秘术，这和精神分析不能相混。

每一次，关于理论元素的思考都有改写整体建筑格局的风险。这是精神分析世俗性质的定义之一——精神分析理论构建从来没有结束，它一直在接受重新审视。举个例子，每个人都能听到压抑在说话，这个概念指出了一个过程——压抑将有可能引起不愉快的所有表象都被逼迫进无意识中。压抑是普遍的，不可能让所有的欲望都得到表达；何况它们有些还是互相排斥的。概括地讲，我们可以说一个孩子的心理发展建立在一系列的压抑之上。口腔快感的压抑让孩子可以走向汤勺，肛门快感的压抑带来清洁。转变必然经历不愉快。

原初压抑

压抑并非一开始就在场。因此，有一个最初压抑，精神分析家称作“原初压抑”（refoulement originaire）。原初压抑可能具有一个特定事件的地位，这个事件的发生时间可被推定。我们看到，在奥托·兰克那里，这可能符合出生创伤。不过，对弗洛伊德来说，第一次压抑从来没有被固定在确切的年代中，它更多的只是符合理论构建的必要性。但是，就像弗洛伊德所有处理原初问题的内容一样，我们再次回到了他关于人性来临的假设上。当人直立行走，他就离开了动物性，因为雄性性欲不再直接联系于雌性发情期嗅觉。是这种原初压抑的神话创立了男人和女人，但不是亚当和夏娃。我们也可以认为原初压抑与其说是主体当下事件或人类历史事件，无论是经历事件或是假定事件，不如说它是结构存在的必要条件。首先需要一次原初缺失，可读的秩序才能够到位。在数字推盘或滑块类游戏中，那个排满写有字母的小方块的长方形盘子上，为了将这些小方块推到上方、下方、右边、左边组成一个词语，长方形盘上就必须要有一个空格。只有有了这块缺失或空白，字母的运转才成为可能，从而组成各种词语。这给了我们一个原初压抑的模型，在这一视角中，原初压抑代表了这个空白格的需要。

当然，写到这里，我听到精神分析家们传来的不赞成吼叫——以如此简单化的方式，用几行字总结了这二十多卷作品怎么可能？！无论如何，我不是在谈论理论，只是试着展现未完成的关键。概括地说，我们明白，根据研究原初压抑的视角，我们的一次治疗就是一次对原初压抑的追寻，或是试着以兰克的方式建立原初压抑；或者我们借助弗洛伊德的定义（即每个人的故事都在重复整个人类的故事）阐释原初的幻想（fantasmes originaires）和幻想的原初（fantasmes d'origine）；又或者，我们将其视作一个沉默的理论概念。正是这样一个元素，从表面看差别甚微，但可能对精神分析实践（praxis）有巨大的重要性。分析家们之间不停探讨的也正是这点。

不过，有一些确定性，以字典上的、词语上的和词汇汇编上的为根据。[1]所有确定性中最确定的是与时间相关的。人是会变化的。不管我们和安娜·弗洛伊德或卡尔·亚伯拉罕谈论阶段，还是和梅兰妮·克莱茵谈论心位（positon），还是和弗朗索瓦兹·多尔多谈论象征性阉割，主体与世界的关系都在改变，人是婴儿时和人被视作独立成人时，两者之间有着时间的断裂。对于一个看起来相同但发生在儿童时期的症状，分析家的介入也不相同。对一个刚出生几天，因为妈妈死了或是病得过重不能照顾他从而拒绝吃东西的婴儿来说，妈妈给他一个用内衣包着的奶嘴就能让他找回胃口。但是我们明白，这样的方法对一个十岁的厌食症小孩来说是没有用处的。

一个安静的小孩

洛卡斯特，六岁的小女孩，完全没有厌食问题。她当时的问题不再是拒绝食物，而是拒绝学校的学习。她吃，但是她什么都不学。厌食症只是改变了厌恶对象。很多年前，我在我认识达米斯的医学—精神分析咨询机构接待了她。机构位于一个以多雨著称的城市中，这不是无关重要的信息。洛卡斯特第一次没有来，直到第二次才在妈妈的陪伴下到来，第二次的时间也是她们预约的。她们第一次会面没有来，N 女士和我明确说那是因为那一天下雨了。下雨对这个地方来说完全不算特别事件，因此我觉得这个理由非常奇怪，但是我将这个惊讶保留给了自己。是学校要洛卡斯特来咨询的。这个小女孩完全是什么都不学，也不会读，也不会写，也不会数数。她极为被动。因此，如何让她留在课堂上并跟上学校的进度，这个问题很快就出现了。

1 参看让·拉普朗什（Jean Laplanche）和 J.B. 彭大力斯（J.B.Pontalis）：《精神分析词汇》（*Vocabulaire de la psychanalyse*），巴黎，法国大学出版社，1967 年；伊丽莎白·卢迪内斯库（Élisabeth Roudinesco）和米歇尔·普龙（Michel Plon）：《精神分析词典》（*Dictionnaire de la psychanalyse*），巴黎，帕约出版社，1997 年。

N女士告诉我说，洛卡斯特在婴儿时期几乎是厌食症患者。她不想给女儿喂奶，但是因为洛卡斯特拒绝奶嘴，她也就只好试着哺乳，但没几次是成功的。洛卡斯特接受了很多种医学检查，也没有什么结果。实际上，洛卡斯特也没让自己饿死，她是个喝得很少且喝得很慢的宝宝。另外，N女士在早上或晚上哺乳时会睡着。有时她醒来时，是因为奶水流到了她身上，或者因为乳头掉出来，婴儿不再吮吸了，却不是因为女儿在哭。那个时候，她一个人和女儿一起生活。洛卡斯特的爸爸不承认这个他不想要的孩子，N女士一怀孕他就消失了。所有这些发生时，关于堕胎的立法还未实施。正因如此，N女士之后告诉我，当时对她来说问题不在于是否要留下这个小孩。她又补充说如果事情发生在今天，可能会有不同的选择。

母与女

洛卡斯特现在在学校的困难完全没有影响到N女士，她也没有太担心女儿不学习的事情。当她哺乳时，她很长时间都在想别的事情，她和我坦白，自己也不太知道在想什么。她在走神。在我看来，她有时候同样会在我们的会面中走神。如果说今天N女士没有对自己女儿拒绝学习有所警惕，那是因为就像女儿小时候拒绝吃饭一样，她最后还是会自己好的，N女士确信这一点。她以直觉的方式知道女儿对学习的拒绝，是以另一个方式继续厌食。实际上，在很长一段时间中，直到那时为止，一切都很好。从洛卡斯特开始吃固体食物起，特别是她能独自用勺子吃饭的时候，她就开始好好吃饭了。吃得慢，但不厌食。在托儿所，以及之后在幼儿园，她都很安静。“不要对她要求的太多。”N女士这样和我说。我想，这个妈妈和这个女儿，如果人们对她们没有任何要求，她们自己的人生应该会过得挺好的。

在幼儿园班上，洛卡斯特一个人玩，或者只和一个朋友玩。她和洋娃娃待在角落里。“我给她们梳头发。”小姑娘这个时候说。这是她第一次参与到关于自己的会谈中。在那之前，尽管我引导她说话，她也什么都不说，什么都不做。她只是在那里，不玩，不画，也不用橡皮泥捏洋娃娃。在洛卡斯特开口以后，我注意到，她的头发又多又金黄，就像她妈妈一样。两个人都有洋娃娃一样的头发。

之后一周，我一个人见了小姑娘。她同意了，她妈妈也同意了。再之后小姑娘有规律地来找我。在会面之中她画了她妈妈，然后，在旁边，画了她自己，以及两个朋友。这幅画里母亲和女儿形象的不加区分非常值得注意。在两个其他小孩旁边，她们就像两姐妹，几乎是双胞胎。这是一个自恋的形象。相像一方面来源于真实，她们相同的长发发型。但是我们面对的是一个女人和一个小女孩，而在画中，她们有着一样的身高。在第三次会面中，洛卡斯特一开始就在玩洋娃娃。她给娃娃梳头发，然后她似乎想要给她喂食。她用了橡皮泥，做出了一个挺真的奶瓶，圆桶状，她给它灌满了水，然后用一个奶嘴盖住。

漏水的奶瓶

这里，我不会总结这次治疗的全过程，这个治疗持续了好多年。这次治疗让洛卡斯特在留级之后开始学会认字和写字，然后得以在学校跟上她的学习。我想要停在这第三次会面上，停在这个橡皮泥捏成的奶瓶上，停在这个奶瓶造成的事情之上。因为这个奶瓶漏水。水从下面一滴滴漏出来。当奶瓶空了，洛卡斯特重新灌满，水接着流出来。于是，虽然她什么都没跟我说，我还是把奶瓶拿过来，把洞补上。小女孩任我抓着她的橡皮泥容器，没有表现出任何不满意。我修好了奶瓶，她又把奶瓶装满了。但是，接着她又给奶瓶穿了洞。我不知道她是怎么做到的，但是奶瓶重新开始漏水，水流出来。正是因为发现了这一点，我寻思着，我把奶瓶的漏洞堵上意味着什么。这一次，我没有再修补奶瓶。洛卡斯特靠近洋娃娃，也不算真的给她喂奶，然后，一旦奶瓶空了，她就把奶瓶放在书桌上。这就是会面的结尾。

当然，我默默描述的这次会面并非是在无语中进行的。我指出奶瓶漏水、我的修补，没有解释，只是说出我看到的和我做的。洛卡斯特比较沉默。她只是对我说："给洋娃娃的。"但当她把奶瓶给娃娃，却又没有真的喂她。

事件似乎很平常，微不足道，然而，这里发生的完全是分析的动力在其中提供了能量。我在洛卡斯特没有要求的情况下把奶瓶的洞补上，是我让分析改变了方向。做这件事，可能是我在照顾自己。为了我自己的原因，比如因为我出生在一个牛奶还很珍贵，只能定量配给、用票换取的年代。还有其他的原因，对我来说，一个漏水的奶瓶必须要补上，这是不用犹豫的。显然，人们也可以将我的干预解读为纠正错误的意图。在这一视角下，我向小女孩展示的，是必须如此。不能哺乳的胸部，和小时候她已见证的并不真的在喂奶的奶瓶，它们都可能被转换、改进。她来一个治疗中心不正是为此吗？我们看到弗洛伊德将医学职业面具视作精神分析最危险的未来。当我第一次走进这间办公室，我拿走了一个扶手椅上方挂着的相框。相框里有一句格言，签名是克劳德·贝尔纳[1]或是雷奈克[2]，格言说："给我你的病，我给你治好。"我们当时就是如此。警句可能还在墙上刻着，我们只是看不见而已！我做的就是这种修正。

相比其他，面对孩子的工作更多的是从这些行为中归纳出来的。这来自幼儿（infans）这个词本身的定义：幼儿是个"不说话的人"。因此，需要有人替他们说话，这就是成人的角色，去理解、去照顾、

---

1 克劳德·贝尔纳（Claude Bernard，1813—1878），19 世纪法国著名实验生理学家，被誉为近代医学之父。译者注。

2 雷奈克（Laënnec，1781—1826），19 世纪法国医生，听诊器的发明者。译者注。

去保护一个孩子。没有一个成人应该让一个孩子处在困境之中。超越社会习俗之上的，是人的本性。因此，面对孩子的分析家应该让自己坚决有力，不要觉得自己应该对来见自己的这个小男孩或小女孩立即展现出友好一面，应该要跨越这种顾虑。因为这一顾虑可能会在某个行动中成为现实。任何正常的成人在喂小孩时都会拧紧漏水奶瓶的奶嘴。然而，沉浸在我的幻想之中，伴着对N女士话语的回忆，我在娃娃中看到的可能同时既是洛卡斯特又是所有其他婴儿，包括我自己在内。小女孩扮演的是所有笨拙或不足够好的母亲的角色。水就是奶，而橡皮泥小块就是一个真正的奶瓶，是对母亲乳房的真实替代。

挫折、剥夺、阉割

不过，我是作为精神分析家见到洛卡斯特的。带着一种精神分析的眼光，我们自己必须弄清楚是什么在会面中起作用。这里，理论是不可缺少的。拉康对挫折、剥夺、阉割的区分可以在这里帮助我们。[1] 从这个角度出发，我们意识到洛卡斯特在会面中付诸场景的东西（搭建出来的奶瓶、水、洋娃娃的场景）与我对她的游戏干预方法之间有着明显的差别。

通过补洞这个动作，我强调的不是挫折，不是漏水奶瓶造成的满意缺失，而是强调这个物品有洞的事实。我指出有洞这个现实，展现出一个真实的缺失。在第一层面上，这是一种真实的剥夺。而且，我将自己放在了穿洞物体主人的位子上。既然我能补洞，我就对打开奶瓶和关上奶瓶有着全部的权力。因此，我成了可以以己之法创造真实漏洞的行动者。我是一个专横的人物，有着一种绝对强权。因为我的干预，我们位于剥夺（privation）之中。剥夺，在理论中，被定义为真实的缺失，象征意义上的阳具缺失。剥夺

1　参看雅克·拉康：第四个讨论班，《客体关系》（*Le Séminaire*），巴黎，瑟伊出版社，1994年。

由一个想象中的爸爸实施，具有无限权力的爸爸，甚至有时令人恐惧，这样的爸爸我们经常在儿童绘画中看到，有着怪物的面孔。

我们需要谨慎，这几行理论不能理解为简单概括。比如，想象中爸爸这种怪物的形象完全可能在妈妈脸上出现，或者是别的一个照顾孩子的人，或者是一个想象人物。另外，如果弗洛伊德的概念意味着，对孩子们来说，性别的差异由一个缺失定义，那么我们不应该混淆阳具（phallus）和男性生殖器（pénis）。在剥夺之中，缺失的是一个象征性的客体。无论是男孩还是女孩，爸爸还是妈妈，男人还是女人，还是以各种原因鼓吹平等的斗士，大家都应该放心，精神分析家从不认为问题在于女孩缺少男孩具有的某块肉。相反，他们认为欲望，无论是性欲还是其他欲望，不管什么欲望，从来没有得到满足。这就是人的本性（这次是在种属的意义上）。人的欲望不同于一个被满足的需要，但这不会妨碍人们觉得会存在一个能够给予他完全满足的客体，这就是我们称作阳具的东西。人们假定阳具能够满足所有的缺失，因此也能满足性别的差异。

这样，在第一时间中，我让剥夺介入，而剥夺在那里并非问题所在。无疑因为我的错误造成洛卡斯特重复了原来的场景，然而，当我克制了我的干预，我让她体验到了事实上是什么在起着作用，是挫折（frustration）。在洛卡斯特的经历当中，她的妈妈在喂奶的时候是非常让人受挫的，对此我们在第一次会谈中已经有所了解。正是这种对挫折的体验，是这个小女孩要带到场景当中的。她在那里扮演了妈妈的角色，她拿着的奶瓶没有办法喂食，奶瓶在到达嘴边之前已经空了。这样，洛卡斯特不是想表达现实之中有一个缺失，她不谈及洞。挫折不是真实的伤害，如同剥夺一样。当妈妈从一个吮吸的婴儿口中抽出乳房，她并不是在现实中对她进行剥夺。如果乳房的确是真实的客体，它也是属于妈妈身体的，无论婴儿怎样想象。对挫折的理论定义正是如此：对真实客体的想象性缺失。洛卡斯特也能想象她妈妈自己也受挫于另一个真实的客体，那客体就是她的爸爸。正是因为孩子真实经历的故事与幻想汇集了，困扰才会出现。

我被当作想象的爸爸介入，在很久之后，重新进入治疗，那个时候洛卡斯特对我这一主体表现出了恐惧。于是，这让我们揭示出小姑娘面对她母亲的心理位置，并且进入了在我提到的第三个概念中没能运转的东西，即阉割。阉割是由真实的父亲支撑的。比如说，一个被界定为父性的话语——同样的话语可能由任何人说出，男人或女人，任何占据了父性角色的人——话语能够作为禁令得到表达，同时伴有威胁。当然，客体是想象的，而阉割从定义上讲也是象征性的；没有什么真的被割掉了！在洛卡斯特和母亲之间，这一机制似乎没有完全运转，而分离——如今我们通常会说“剪断脐带”——没有实现。小女孩成为了填充她妈妈的客体，我们可以称之为想象的阳具。对于洛卡斯特真实父亲的消失，N 女士没有跨过这个坎。她也没有让别人代替这个人。没有人占据了母女之间第三者的这个位子。因此，她们两个人安扎在这个时间停止的空间中，这解释了她们的清净。她们身处在一个不亏欠任何人的世界中，一个想象的世界中，直到学校提醒洛卡斯特，她应该做的事情，强迫她走进书写、阅读、算数的符号体系之中。在那之前，洛卡斯特身上被精神分析家在人类学家之后命名为符号债务的东西，让人与人之间的关系成为可能的东西，都因为想象的生活而被掩盖了。

联系的自恋

掩盖、隐藏、保护，这在某个时刻将我们引向洛卡斯特的这次分析，分析中洛卡斯特的妈妈参与了谈话，我们发现了 N 女士惊人的无意识幻想。她害怕融化在水里，就像一块糖一样在雨中消失，因此，她避免在雨天出门。“你不是糖做的。”N 女士的妈妈边打她边这样说。这个母亲也是个单身母亲，她对自己的女儿充满暴力，强迫女儿服从于自己。洛卡斯特如今遭受了这一经历的后果。

精神分析总是处在工作状态。在第一次记述很久之后，我重新阅读了洛卡斯特和她妈妈的故事，想象着孩子来到这个世界时可能发生了什么，我如今对这个个案更明白了。精神分析家多米妮克·纪尧马强调一种母性时间（temps maternel），即母亲和孩子作为区分的个体独自被建立之前的时间。[1]这一母性时间的结束可能会发生产后抑郁，在这一时间里，母亲处在联系（lien）的语境之中，更准确地说，处在一种联系的自恋之中。它在母亲与婴儿的客体关系之内，我在弄破奶瓶那场会面中看到这个联系带来的影响。N 女士提到无止境的喂奶时谈到的就是联系的自恋。洛卡斯特在会面中扮演令人受挫的母亲时，她摆脱的也是联系的自恋。

无疑，正是这种联系的自恋，N 女士的母亲没有准备好在断奶后与女儿的分离；但也正是在这一仇恨之中，N 女士与自己的孩子重构了一种不可破除的自恋的二元关系。女性特征在情感竞争中被传给了 N 女士，但在母性特征上，她仍是孤儿。

分析家不是机器

几年前，有人为了嘲笑精神分析家们讲了一个好笑的故事。这个故事讲的是，有个精神分析家习惯在会面中打开磁带录音机，这样，他就可以保持绝对中立，然后他走开去办公室附近的咖啡厅里喝一杯。一天，他在咖啡厅碰到了自己的分析来访者。

“您在这干什么？”他问他，“您不在会面吗？”

“我带来了我的磁带录音机，它正在对您的磁带录音机讲述所有！”他的分析来访者这样回答他。

这个笑话看上去有点傻，但正因为它将精神分析的中立性推向

1　参看多米妮克·纪尧马（Dominique Guyomard）：《效应—母亲》（*L'Effet-mère*）、《母亲与女儿之间》（*L'entre mère et fille*）、《从联系到关系》（*Du lien à la relation*），巴黎，法国大学出版社，2009 年。

荒谬而有其价值。这是一个没有任何对抗的分析家模型，没有身体的外质，只是一个在工作的自动记录仪。而人，则可以去别处享受好时光。两个部分分开了。一个在听，一个在生活。这个故事是不可能的，在所有的个案当中都不可能实现。特别当精神分析家面对的是一个孩子时，这个故事根本是不可能的。

我之所以要提到这个笑话，不仅仅是为了说明洛卡斯特治疗的混乱——需要很多时间来试着用一点理论解释，更是为了强调，在儿童精神分析中，分析家的身体必须参与其中。他不能因去旁边的小酒馆而暂缺会面，就像我在伊斯墨涅的例子中所做的那样。

我正是以我的身体介入到与洛卡斯特的会面之中，因为某件事在我看来无法忍受。这个穿洞的奶瓶唤醒了我无意识的记忆，这些记忆根植于我的身体中。身体是我们所有以往经历产生的记忆的保存者。我们被怀胎的方式，被摇篮摇动的方式，我们吮吸乳头和奶瓶的方式，吃奶的感觉，包括气味和妈妈皮肤的触感，都永恒地留在我们身体之中。我们保留着痕迹。那个咖啡馆的玩笑证明了这一点。我们胳膊肘支在吧台上的方式——如果我们会支在吧台上，首先已经意味着我们在忍受他人的目光，也是表达我们故事的方式。

喝热咖啡、温咖啡、冷咖啡，甜或苦，总是一个私密的经历。与我们擦肩而过的人怎样呢？我很难忍受看到一个人把面包片蘸进自己的奶油咖啡里，我羡慕那些非常享受巧克力的女人，因为我一小口都吃不下去，这个小口喝茶的无赖不可思议地惹怒我。但幸运的是，所有这些都与我无关。我们什么都不问，相互错过。在分析会面中就不是这样的了。对于我们笑话中的那位精神分析家来说，咖啡厅里的碰面与办公室里的碰面恰巧相反。他的身体在场，他自我展露，他在那里遇到了他的分析来访者，但是这没有任何效果；因为这不是请求的场合。或许，他想逃开的就是这一请求。疯狂的理性化和绝对中立会妨碍分析。

在咖啡馆里，只要我把眼睛转开，女人的巧克力引发的羡慕，男人的面包片引发的厌恶，抿茶的人引发的憎恨，这些就会消失。我不再面对着欲望的冲动，这种为人所知的嫉妒，是哥哥姐姐看到新生儿在妈妈的胸口贪婪地吮吸时难以忍受的仇恨和厌恶。不过，我不能在洛卡斯特的游戏中移开双眼。我还记得另一个小女孩看着我，然后切断一个玩具小马的尾巴，于是我看到她脸上洋溢着快乐。我看到剥夺在那儿，阉割在这儿。分析家对概念的参考和对原因的感觉同样重要。不过，需要注意，不要戴着墨镜对概念进行参考，即使我们不转开眼光，墨镜也会掩盖场景。

与老师的关系

几十年前，当我在拉丁区阿尔马莱特（Arbalete）街的市立学校上学的时候，有一位很棒的老师教了我很多东西。然而，如果说我知道普昂威雷（Puy-en-Velay）城是上卢瓦省（Haute-Loire）的首府时，我不会补充说："这是S先生说的。"（因为，当然，这个老师我们叫他"先生"。）如果我能够在"avoir"（有）后对前面有直接宾语的动词进行过去式变位，我似乎也没有感觉到我必须说"就像S先生教我的一样"。阅读一些精神分析作品时，我会因为一直强调自己对自己老师的参考感到生气。为什么，在这样的文章中，一定要参考拉康才能说出persona意味着面具吗？一个读者，哪怕是作为精神分析家的读者，为什么一定要知道原初压抑的定义是在哪一天由谁的门徒给出的呢？

在与老师的关系中，我们可以保留自己的沉默债务，特别是认识到在哪里他自己是创新者。这当然不是指当他需要求助于词源学辞典或弗洛伊德记事本时。对这些参考的运用似乎保证了一种知识。精神分析辞说成了地理学或语法，人们忘记了精神分析辞说是建立在假设、无意识的假设之上的，它由弗洛伊德提出，但是它在每次精神分析中都要得到经验上的验证。精神分析在一系列假设的帮助下建立理论，这些假设一直在受到质疑。这些假设会因为我们读的是梅兰妮·克莱茵还是雅克·拉康而不同。但是没有一个精神分析理论家，以弗洛伊德与拉康为首，有一秒钟想过自己的系统是完备而封闭的，从而可以代代相传。我知道，在这点上我会被庙宇守护者和正教支持者诋毁，但是我也知道，就像所有的临床实践者一样，精神分析只能在不同工作流派的交织中进行，没有例外。

比如，有些分析家称自己为克莱茵派或拉康派，这意味着他们将自己的理论参考严格局限在克莱茵或拉康的作品行列之中，实践活动受这些理论的影响，特别是会面的频率和时常。前者的会面时间大都固定，而后者会面的周期性和长度都会有所变化，有时候非常精简。这里，有些分析家进行活动的框架由他们老师的风格严格定义，只有老师的风格才是适合他们的风格。

面对这个问题，成年的和儿童的分析来访者的位置是不同的。一个成人知道自己在期待什么，或者即使他不知道，他也很有可能会问，去了解自己的治疗是在怎样的理论框架之中。选择去一个精神分析家那里，他要求每周五次，每次五十五分钟的会面；还是去另一个分析家那里，每周有那么几次，每次五到十分钟，这都表现出了分析来访者的决定。显然，这一选择包含在他的症状之中，这促使分析来访者在治疗中提出质疑，就像其他东西让他质疑一样。不过在意识上，一个成人做决定显然是完全自由的。而一个孩子，则是被带到一个精神分析家那里的。孩子的选择并非自己的选择。我们看到，为了治疗能够进行，提出请求的时间（le temps de la demande）非常关键。如果一个人的风格和另一个人无意识的期待不相符，精神分析是不可能进行的。但当面对孩子，能够做出决定的人是分析家自己。强制会引发风险，走向失败。有时候，分析家需要对自己的实践进行调整。在这一层面上，一个严格意义上完全是克莱茵派或拉康派的决定（为了以一种相同的样子进行）可能是一种障碍。分析家的理论必须应该能够得到质疑，即使孩子无法说出这一质疑的必要性。

象征性付费[1]

不管是什么理论证明——让一个孩子对会面进行同意是有意义的，让他有可能拒绝，有可能见证自己的侵略性——通常情况下，我不会和孩子进行象征性付费的环节。这一实践在于要求孩子每次会面时带来一个没什么价值的东西作为付费，例如一颗小石子，一幅画，一张盖了邮戳的邮票。我看到多尔多在特鲁索医院咨询时实行了象征性付费。如果她忘记问小孩要这个付费，助手中总有人会提醒她，小男孩或小女孩会很快跑到医院的院子里拿回来一颗小石子。

不过，这样的一个动作在我看来不再是一次付费，虽然只是象征意义上的。不是会面的付费，因为会面付费在别处解决了，是父母付的会面费用，或是分析家工作机构给的薪水。这不是象征性的，因为这是想象的。这是一种以物易物，应该想象另外一个人要什么。这就是交换的本性，所有课间休息的时候，这些都在上演：玛丽用怪兽图画和雅克交换了弹珠，因为她觉得有了弹珠，她就可以得到皮埃尔在惊喜小袋子里抽到的小戒指……在以物易物中，只要人们进入了对另一个人的欲望之中，一切都可以交换。不过，我们知道精神分析是建立在距离之上的，即分析家对自己欲望的距离。不过，我有时候也会要求一个青少年参与到会面的支付之中，就像我面对巴斯亚诺以及娅森特时，但那不是一个象征意义上的给予，而是真正的付费，支付精神分析工作的部分或全部的费用。

1　参看第七章，我在另一著作当中阐述了付费这一问题。见帕特里克·阿夫纳拉：《关于金钱的小分析》（*Petite Psychanalyse de l'argent*），巴黎，法国大学出版社，2015。

和善男孩

当我开始见八岁小男孩雅松时，他是没有必要每次来的时候给我带个小东西或者随便什么物件。这个孩子非常和善，甚至太和善了。他在妈妈去世两年之后来见我。葬礼不是开始精神分析治疗自然而然的原因，但是雅松一直经历着一些心神不安的夜晚。他几乎天天都要做噩梦，但他从不记得自己的噩梦。他起床时非常恐惧，没有真正醒来，人们让他重新回去睡觉。白天，这是一个正常的男孩，甚至太正常了，他的父亲 O 先生对我说。在母亲去世之后，雅松和小他两岁的妹妹继续在父亲身边生活。近一年以来，父亲认识了一个新女人，从那时起她就和他们住在一起。她很有魅力，对人和善，很有母性。她不能有孩子，于是把男友的孩子看成自己的。这个家中有很多的爱，在会面中也是如此。雅松总是乐于来见我，还很准时。他在会面中给我讲述他当下的生活和他的过去，他的朋友们，他的妈妈，他的家庭。他画了一些非常中性的画，不怎么用小士兵和玩具。他在场，但很快我就感觉到我们没有前进。他完全记不得他做过的噩梦，就像不存在一样。

我见了他的爸爸和爸爸的新女友，然而情况也没有什么改变。雅松晚上总是备受困扰。O 先生也觉得他的儿子变得太被动了。他课间休息中有时会被欺负，他忍受着也不反抗。我同样了解到，从六岁以来，雅松就有零花钱了，每周都会有一小笔钱。O 先生跟我说，他会用这些钱给朋友买糖。

小坏蛋

下一次和雅松的会面中，我告诉他，我在与他父亲以及继母的会面中知道了他有零花钱，所以我想要让他给我一份象征性的付费。他每次会面时都给我带一个五分钱的硬币。他支付时不说话，而是在每次会面来的时候就将硬币放在办公桌上。我意识到，他不仅没有忘记，似乎还很重视。他以一种有些不快的语气说：“给你，你的小硬币。”然后开始画画。他在纸的最底端画着一个几厘米大的小人。“你看，他很小，很小，但是很凶，很凶！”那时他这样说。雅松最终从他的和善中走了出来。对象征性付费的引入让这个小男孩拥有分析的动力。显然，这里的问题在于他不能表达的暴力，一笔他想要还给妈妈的不可能的爱的债务，以及一种对代替妈妈的人无意识的仇恨。一段时间之后，他想起了一些噩梦，一些接连发生的鬼怪故事，一些俄狄浦斯式的历险。治疗有所进展。有了这一付费，我不再是一个和其他人一样要爱惜的好人。他什么都不欠我的。

因为，即使他付的钱不多，那也是他带来的硬币。硬币有一个实质的流动性特征，可以用它来付费。雅松不是非要想象我的欲望，想我是不是在收集小硬币或邮票，或者我是否会用小石子去换别的东西。他的小硬币可以使我在面包师那里补足零钱，就像我可以攒起来一样。小硬币不代表任何欲望。

在精神分析家那里的孩子

不过，我是在打破了我的关于象征性付费的规则之后，才有了成为雅松的精神分析家的可能。但是，我不会和所有我接待的孩子都进行这一实践，我也不会在每次会面的开始都用和达米斯的会面一样的模式。这个例子中是温尼科特给我灵感，那个例子中我想起的是多尔多，其他例子中我又是用了其他的理论参考。这些参考只在事后才有意义。在会面本身的时间中，理论被遗忘，象征债务理论和过渡空间理论一样被遗忘。被遗忘并不意味着缺席。在和洛卡斯特的会面中，我没有在想挫折、剥夺、阉割的三段式，但是这一三段式对我理解自己的干预来说必不可少。而我的干预来源于我自身的童年。因为，成为儿童精神分析家，就是要总能够和来到精神分析家那里的孩子一起，看到他自己心里的东西，看到他身体里的东西。

译后记

精神分析家怎么和孩子一起工作？

这个问题可以细分成许多部分。比如，精神分析在一般意义上的工作原则，在与孩子工作时还有用吗？孩子那些症状背后的无意识，我们如何可以倾听到？当孩子太小，还不能很好地表达自己，精神分析的“倾听”又要在什么维度上展开？在个人工作室、机构以及医院里接待孩子会有什么不同吗？如何在不同场所营造出合适的工作场景？如何与那些孩子的父母（或者监护人）打交道？弗洛伊德、拉康、温尼科特或者多尔多等，那些已有的精神分析家的理论如何融入我们自己的儿童精神分析实践？这样的问题还可以列出很多。

本书的作者，帕特里克·阿夫纳拉先生，给出了这些问题的回答。不，这样说不准确，应该这样说：作为一位儿童精神分析工作者，如果您有这些疑问，请您阅读阿夫纳拉先生的这部作品，您能得到属于您的答案与启示。甚至一些问题，您现在还没有遇到，但是当遇到这些问题，那么请带着问题去阅读这本书，您会得到属于您的答案与启示。

儿童精神分析的实践，甚至整个精神分析的实践都有一个困难处境：没有办法制作一个实践技术的操作说明书，让我们的工作按照某个预先设定的方案，按部就班地推进。分析的情势是非常不同的。在现代，不同文化群体的情势还在千变万化，很多情势我们还未遇见；来访者也非常不同，正是这些不同成就了他们的个体性，成就了他们自己。对上一个来访者有用的实践，在下一个来访者那里未必会有成效。我们在和无意识打交道，它总是让我们感到惊奇，让我们意想不到。弗洛伊德说："精神结构的多样性，所有心理过程的可塑性以及决定性因素的丰富性，都与技术的机械化相对立，且借技术的机械化而产生的固定规则时常并不起效。"

实际上，对于那些提出来和没有提出来的问题，我们都无法回答别人，而只能叙述自己，这样别人才可能从你的叙述中找到答案，从而形成自己合适的实践风格。阿夫纳拉先生在本书中叙述的正是自己，一位年逾七十的精神分析家叙述的是自己大半生的工作实践，展现了他如何面对那些不同：不同的孩子，不同的父母，不同的工作成效，不同的工作地点，不同的理论给他的灵感……

作为儿童精神分析家，阿夫纳拉先生带着自己的故事，对临床经验进行叙述与思考。他告诉我们，每一个孩子都是唯一，他们需要倾听与交流，他们的真实状况、隐私与欲望需要得到尊重，他们的生存困难需要得到理解与认识，要抓住那些和孩子工作时的关键时刻。

因此，作为儿童精神分析工作者，我们要结合自己的故事与经历。别无他法，只有这样才能在别人那里找到自己的答案，做好自己的实践。这正是这本书想要传递的内容，也是这本书最能打动人的地方。

此外，了解儿童不仅仅是儿童精神分析的专属事情，它也是成人精神分析所要做的事情，是所有精神分析式的心理治疗与咨询都应该做的事情，是天下父母和儿童教育者都应该做的事情。

弗洛伊德说，我们的精神构建在童年就已基本完成，以后漫长的岁月不过是这个结构的逐渐显现。不要忘记，我们都曾经是孩子。如果说一个成年人有了心理症状，那么并不只是这个成年人"病"

了，更应该是这个成年人心里的孩子一直在“生病”。在精神分析的实践中，即使我们接待的是一个成年人，我们更多地也是在接待这个成年人心中的那个孩子。在这个意义上，每个精神分析工作者都是儿童精神分析工作者。

也正是这个原因，在这本关于儿童精神分析的著作中，阿夫纳拉先生也提到了他通过探究成年人的精神世界，进而对我们的社会与文明所做的思考与感悟。孩子不只是生活在每一个人类个体的早期，而且一直生活在每一个人类个体的一生之中。

我们在 2004 年 4 月 29 日得到这本书的法文初版，十多年来，在我们的精神分析学习、实践与教学中，这本书给了我们无数的帮助，甚至我们曾经谈到的一些案例就直接源于此书。2018 年得到此书的第三版后，我们也终于鼓起勇气将它翻译成中文，把这本从临床实践角度来谈儿童精神分析的著作介绍给国内同道。

最后交待一下本书的翻译过程。我们的翻译团队由四人组成，首先由黄可以译出了本书的中文初稿，然后吴静根据中文初稿一字一句地对照法文原文，标出所有可能有出入的或稍难理解的地方，这是翻译过程中极其烦琐但又极具奉献精神的一个环节。严和来与姜余在前两人工作的基础上，对全文做了二次翻译、校对与修改。所以，译文存在不周乃至错误的地方，皆由我俩负责。广西师范大学出版社的吴晓妮编辑和叶子编辑对本书的引进、翻译与出版都做了贡献，在此特别致谢！译文结稿之时，处暑近半，遥想晓月白露，那应该是一个美好时节，感谢所有对此书出版有过帮助的人！

姜　余　严和来

2020 年 8 月 31 日于南京